藍學堂

學習・奇趣・輕鬆讀

世界冠軍教我的8堂高效能課

HIGH PERFORMANCE

Lessons from the Best on Becoming Your Best

他們成功不靠天賦、也非盲目苦練！
成功者的心態校正與思維進階法全公開

傑克・漢佛瑞 Jake Humphrey 、 達米安・休斯 Damian Hughes 著
吳宜蓁 譯

世界冠軍教我的8堂高效能課

目錄

—推薦序—

06 如果你成功時，你會看到一個什麼樣的自己？——陳志恆

09 你不用成為世界冠軍，就能練就冠軍思維！——歐陽立中

13 —前言— 沒有什麼是注定好的

拳擊手、芭蕾舞者、億萬富翁／實現高效能的三步驟／屬於你的高效能

31 第1部／高效能心態

33 第1課：承擔責任

為什麼責任很重要／專注於你能控制的事情／回應你手邊的問題（而不是頭腦裡想的問題）／承認自己的錯誤／責任等式

61 第2課：找出動機
你誤解動力了／忠於自己／掌控／找到你的歸屬／動力代表快樂

89 第3課：情緒管理
你的動物腦／紅色大腦，藍色大腦／對你的要求是什麼？／你的能力是什麼？／真正的風險是什麼？／通往內心平靜的漫長之路

121 第2部／高效能行為

123 第4課：發揮長處
多元智能／黃金種子時刻／成功留下的線索／找到你的心流／你天生的優勢

149 第5課：變得靈活
有點信心吧／像瘋狂科學家一樣思考／陰陽原理／偉大的人想法與眾不同

179 第6課：不可妥協的原則
標誌行為／學習你的標誌行為／觸發點／你的高效能身分認同／不要錯過兩次

209 第3部／高效能團隊

211 第7課：領導團隊
找到你的BHAG／排除狗屁倒灶的事／找到你的副手／永遠不要獨自領導

241 第8課：打造文化
文化的五種類型／回答最重要的為什麼／情商勝過智商／讓人們有安全感／文化就是人

273 ─結語─表現的勇氣
勇氣的呼喚／超越恐懼／真實的表現

287 致謝

292 附註

推薦序

如果你成功時，你會看到一個什麼樣的自己？

陳志恆

你想成功嗎？

當然想！你肯定會這樣回答。那麼，如果有一天，你真的成功了，你會看到一個怎麼樣的自己呢？

這個問題，就不好回答了。

多年前，我曾經參加一個心理成長課程，講師當時對我問了這個問題：「如果你成功了，你會看到你自己在哪裡、正在做什麼、說什麼話、旁邊有誰？」

我愣在那裡，想了半晌，一個字也回答不出來。那天，我回到家裡，拿起筆記本，把我腦袋浮現的答案一一寫下來。當時寫下的內容，有些正在一一實現中；而當時的那番思考，卻對現在的我有著深遠的影響。

《世界冠軍教我的8堂高效能課》是一本探討如何變得更卓越，擁有高效能的勵志書籍（或稱高表現狀態），是兩位作者在二〇二〇年起於 Podcast 節目中，訪談各領域佼佼者的記錄與整理。當我看到書名時，腦袋中直覺浮現的疑問便是：「作者如何界定『高效能』？」就好像，你要如何定義你的成功長什麼樣子？——這是我在多年前就認真思考的議題。

事實上，作者在主持Podcast節目時，確實也面臨這樣的困境。不同領域的成功者，對於「高效能」總有著不同的見解，而這正是這本書要你思索的第一個課題：

「對你而言，什麼是高效能？」

如果你能回答這個問題，你將知道如何出發，當抵達目的地時，也才知道自己完成任務了。於是，你不會迷失在名聲、財富、權利與地位等永無止境的追逐遊戲之中，因為你很清楚自己想要的是什麼。

二〇二二年卡達世界盃足球賽的冠軍賽中，阿根廷與法國兩之勁敵交鋒。前半場，法國被阿根廷壓著打。眼看本屆大力金盃就要被阿根廷輕鬆到手，卻在下半場的一百秒內，法國年輕好手姆巴佩連進兩球，踢平了比數，一切回到了原點。在這緊張時刻，阿根廷球王梅西竟被鏡頭捕捉到，他露出了笑容。世人都在猜，梅西究竟在笑什麼？

如果換做是你，你笑得出來嗎？

最後，阿根廷和梅西頂住壓力，在ＰＫ戰中氣走法國，拿到冠軍。這對梅西意義非凡，他早就是足球界的神，集所有榮耀於一身，但就是盼不到一次世足賽的冠軍。如今，最後一塊足球拼圖也拼上了。

在賽事膠著時，梅西還能露出微笑，確實展現了極強大的心理素質。那笑容代表的是，在極度緊繃時，仍能輕鬆自若；在扼腕嘆息時，仍能懷抱希望；在美夢被驚醒時，仍能欣賞對手的表現。

我好想知道，那一刻，梅西的內心在想什麼，他對自己說了些什麼話。然而，你可以在《世界冠軍教我的8堂高效能課》這本書中，看到高效能者如何在承受高度壓力下，保持冷靜、自我對話，他們如何讓從谷底反彈，超越顛峰。

本書訪談的對象，雖然都是各領域的高手，但卻不是一本造神的書。你會知道，高效能者之所以值得敬佩，不只是他們的天賦才華，還有他們每日習慣的堆疊，一步一腳印。這展現在心態（如何思考）、行為（如何行動）以及團隊（如何運用集體智慧）等層面。

從心態、行為到團隊，成了貫串本書的架構，你也能如高效能者般獲得你想要的成功。前提是，你已經想通，什麼是你想要的成功。

（本文作者為諮商心理師、作家，為長期與青少年孩子工作的心理助人者，目前為臺灣 NLP 學會副理事長。）

推薦序

你不用成為世界冠軍，就能練就冠軍思維！

歐陽立中

二〇二二年卡達世界盃足球冠軍賽，上演了一場史詩級的戰役，由阿根廷隊對決上屆冠軍法國隊。而阿根廷上屆在十六強賽止步，就是輸給法國隊。

這場冠軍賽更讓人關注的，就是阿根廷隊隊長梅西，他拿過足球賽事各項大賽冠軍，但就是沒拿過世足冠軍，而這是他最接近的一次，也是他最後一次機會。因為他已經三十五歲，下一屆不可能再參賽了。

這場比賽，超乎大家預料地，阿根廷隊先馳得點，連踢進兩球，踢得法國毫無招架之力。正當大家覺得阿根廷勝券在握時，法國悄悄展開反擊，法國名將姆巴佩以迅雷不及掩耳的速度，穿越阿根廷防線，五分鐘內連進兩球，竟然把比數硬是扳平了！

這時，轉播鏡頭帶到梅西，想讓觀眾看看梅西此時的表情。是覺得上屆憾事要重演了？是覺得天不從人願？是覺得大勢已去？如果你是梅西，這時表情一定五味雜陳，對吧。無奈、沮喪、懊惱……但你知道嗎？鏡頭前的梅西，竟然笑了！

面對局勢被追平，優勢在法國隊，但梅西卻反常地笑了出來。「梅西的微笑到底代表了什麼？」這已取代名畫《蒙娜麗莎的微笑》，成為全世界最大的謎團！

不過我想，如果你讀過《世界冠軍教我的8堂高效能課》，這個謎團就迎刃而解了！這本書的作者是體育主播傑克．漢佛瑞和體育文化專家達米安．休斯，他們採訪並研究體育界的明星運動員和教練，歸納統整出八堂課，以及高達四十則實戰案例，幫助我們用世界級的冠軍思維來應對人生種種挑戰。

比方一般人很容易執著於誰對誰錯，一旦自己沒錯，但衰事卻降臨在自己身上，就怨天尤人，擺爛謾罵。可是如果你讀過這本書，看見傳奇賽車手比利．蒙格，在一次大賽中失去了雙腿，錯不在他，他比你更有資格破口大罵對吧！但是他並沒有這麼做，反而說：「我知道那不是我的錯，但怎麼應對，就是我的責任了。」如何區分「過錯」和「責任」，正是頂尖選手教會我們的事。

再像是有時我去演講，時間到了但聽眾姍姍來遲，主辦人會不好意思地請我再等大家五分鐘，當然我人好，都說沒問題。可是如果是伍德沃德的教練，那事情就嚴重了！他是帶領英格蘭球隊拿下世界盃冠軍的教練，所奉行的就是「隆巴迪時間」，嚴格要求守時，因為這是帶領團隊走向勝利的「不可妥協原則」。當你讀了這本書，你會重新正視自己的原則，因為世界冠軍就是這麼思考的。

回到開頭的故事吧！世界盃冠軍賽的結果你知道了，是由阿根廷拿下。雙方在正規賽一路纏鬥到二比二，踢進了延長賽，然後又以三比三踢平，進入十二碼ＰＫ賽，最後阿根廷勝出！梅西笑擁人生第一座世界盃冠軍，並拿下金球獎。至於當時被追平，梅西那個笑意味著什麼，答案是不是呼之欲出了呢？

（本文作者為暢銷作家／爆文教練，「Life不下課」節目主持人）

高效能跟其他事情一樣，是一種習慣。
隨著時日累積，
會變得跟刷牙一樣自然。

前言　沒有什麼是注定好的

傑克

失敗改變了我的人生。

一九九〇年代中期時。那時我剛剛完成高中學力 A-Level 考試，我把人生都規畫好了。沒人認為我會有什麼偉大的成就，至少我自己就不覺得。在諾里奇（Norwich）的學校裡，我一直是平凡的代名詞：我沒參加運動團隊，沒參加社團和俱樂部，不會唱歌表演。事實上，我實在太過普通，幾個月前還因為「缺乏溝通技巧」被麥當勞解雇。

人生並不糟，但也沒什麼驚奇之處，所以我的視野非常狹隘。我將在諾丁漢大學就讀媒體科系，念完之後，我打算回家鄉找份工作，也許是當地報社。這是一個很模糊的計畫，我要如何得到那份工作，這些細節我完全不清楚。但不知為什麼，我覺得這就是我的命運。我從來沒有想過我的職業生涯會離開諾里奇，更不用說到世界各地去了。

我在東安格利亞（East Anglia）喝了一個夏天的酒，在希臘法里拉基（Faliraki）度假之後，A-Level成績揭曉的日子終於到了。我爬進媽媽那輛開心果綠的福斯Polo，開車去領成績單，弟弟也跟著我去。到了我那所建於一九五〇年代的破舊公立學校時，我走到標示姓氏為H開頭的那張桌子前。我拿到信封時，已經做好心理準備，期待看到能拿到大學錄取通知書的好成績。

我需要的成績是B、C、C。

結果我拿到E、N、U。

我甚至不知道N是什麼意思。一位老師告訴我，它代表「Narrow」，差一點點的意思，也就是說，我差一點點就能拿到E，但我無論如何失敗了。（編按：英國A-Level成績分為A、B、C、D、E、U，A最優、E通過、U不及格。）

徹頭徹尾的災難。

至少當時我是那麼想的。

但今天，我相信那些糟糕的成績是發生在我身上最棒的事情。

幾個星期之後，我接受了失敗，並向父母道歉了幾千次，然後回到同一所學校，繼續讀書準備補考。我回去上課的第一個星期，我的政治學老師布羅根先生讀了一封寄到學校政治學課的信，信中邀請學生到一個新的有線電視頻道Rapture TV談論政治問題。

雖然我在考試中遭受了巨大的羞辱，但我當時年輕、天真，而且莫名地確信自己會成為一名優秀的權威人士。我抓住了到電視台工作的機會，隔週，我就穿著一九九〇年代末期最普通的毛衣和寬鬆牛仔褲來到 Rapture 的辦公室。我告訴他們我被速食店解雇的事，以及 A-Level 考試的災難，然後問他們我是否能在那邊幫忙，我願意做任何事：不只是發表政治觀點，也可以泡茶、接電話……任何他們需要有人做的事情。他們同意了，他們需要所能得到的一切幫助，於是我開始每個週末到 Rapture 工作，薪水五英鎊現金。

二十年過去了，回頭來看，似乎很容易認為這一刻是命運的安排，是我進入電視生涯必經的第一步。然而它不是。在 A-Level 考試搞砸之後，我根本沒有真正的人生規畫，更不用說對電視圈的生態有任何認識了。這份工作並不是什麼偉大策略的結果，只是運氣。

不過，這確實是偉大事件的開始。雖然 Rapture 幾年後就倒閉了，但我依然記得在那裡的美好時光。那是我第一次到電視攝影棚，我喜歡那裡——製作團隊的忙碌、現場播出的興奮感。更重要的是，那段經歷讓我重新思考自己的成功之道。從 A-Level 考試的災難，到我在 Rapture 電視台時的療傷，是我第一次認真思考，發揮自己的潛力是什麼意思。

在那之前，我一直認為成功很簡單：就看你有沒有天賦，如果你有，人生就輕鬆多了，如果沒有，人生就很辛苦。這個原則讓一些人獲得了難以想像的成功，而另一些人則過著平凡的生活。這也就是為什麼，在那之前，我根本沒什麼抱負，因為我沒有天賦，我能做的事情真的沒多少。

在Rapture的工作讓我有了不同的看法。我的A-Level考試失敗，但我重新站起來了。透過失敗，我發現了新的可能性。如果我一生中最大的失敗帶來了這麼激勵人心的機會，失敗還能夠教我什麼呢？

那次經歷標誌著我旅程的開始，我也才能寫出這本書。隨著我職業生涯的發展，從Rapture到BBC，再到現在的BT Sport（英國電信體育台），我發現我身邊充斥著實現了自己夢想的人。我曾在F1維修站、奧運會場館，和歐洲冠軍決賽現場報導過；我和F1的路易斯・漢米爾頓（Lewis Hamilton）共進午餐，和英超的麥可・強森（Michael Johnson）看同一個電視螢幕，甚至還參加過唐寧街十號（10 Downing Street，編按：英國首相官邸）的招待會。每天，我都非常幸運地能和世界一流的運動員、企業家和創意人士在一起。

以前的我會認為這些人是天生的高成就者，他們擁有我沒有的東西。但與他們相處的時間越長，我就越意識到自己錯了。

當然，他們當中很多人都有天賦，但這並不是他們成功的原因。有天賦的人不計其數，但並不是所有人都會成功。長期觀察下來，我發現這些高成就者之所以能成功，都是因為自己的堅持。在經歷了幾十次挫折之後，他們始終保持著動力；他們努力培養勝利者的心態和習慣；他們身邊都是鼓勵他們做到最好的人。簡而言之，他們把自己**變成**了高效能者。

這也是我在 A-Level 考試慘敗後學到的教訓。要釋放自己的潛能，你不需要是個天生的領導者，你只需要做好嘗試、失敗、再嘗試的準備。

在過去二十年裡，這個深刻的理解改變了我的生活。是這種觀念讓我願意承擔職業生涯中一些很大的風險，無論是二〇〇一年參加 BBC 的面試，還是二〇一〇年時和我太太及一個朋友成立製作公司 Whisper，還是二〇一三年時顛覆職業生涯，加入後起之秀 BT Sport。

一路走來，我當然也經歷過失敗，以及一些丟臉的事。但最終，我成功地實現了比當初想像更多的目標——因為演講而獲獎，主持了一些世界上最大的體育賽事，把 Whisper 變成一間擁有數百名員工、營業額達數千萬美元的公司。

我發現了高效能的最大祕密。少年時代的我錯了，沒有什麼是注定好的。只要你想，你可以改變「你」的幾乎所有東西。

就是這個原則引導我建立「高效能」（*High Performance*）Podcast 節目，最終還寫了這本書。二〇一〇年代末，我意識到，這是我做為電視節目主持人的第三個十年。我從我遇到的高效能者身上學到很多東西，他們不僅讓我知道，我們都可以改變自己的人生，還教會我怎麼做。我也意識到，是時候與世界分享他們教我的東西了。我和我的團隊決定做一個 Podcast，研究世界上最有成就者的觀點，以及我們可以從他們身上學到什麼。

這想法很好，但執行起來很複雜。我們很快就發現，想從受訪者那裡得到最大的收穫，不光是要聽他們的故事，還得深入挖掘他們的心理和行為。很快我就發現，我需要有人幫助我理解高效能表現背後的科學。畢竟，我是那個在A-Level考試中得了E、N、U的孩子。

我們的Podcast需要的不只是主持人。還需要一位教授。

這就是達米安．休斯的用武之地。

達米安

被拳擊教練養大有好有壞。一方面，你會學到很有價值的技能，比如跳繩、出拳和應對壓力。另一方面，你學會在回答問題時格外小心。

我的成長經歷與傑克截然不同。他在諾里奇附近的一個小村莊長大，而我的青春期是在曼徹斯特市中心度過的。準確地說，是在拳擊館裡。或者，如《每日電訊報》（*Telegraph*）描述過的那樣，在「一個無情的地方」，「只有愚蠢魯莽的人才會把車停在那裡……除非他們會很喜歡要來開車時，發現自己的車架在一堆磚頭上，車輪已經被比車神舒馬克的維修站工作人員還快速的團隊熟練地拆卸了。」[1] 多麼棒的地方。

多年前，《每日電訊報》曾冒險到科利赫斯特（Collyhurst）去找我父親，拳擊教練布萊恩．休斯（Brian Hughes）。在他的體育館裡，目標就是世界級的標準，他很多徒弟後來都在奧運和世錦賽上獲得成功。二〇一七年，甚至有一條街以我父親的名字為名，以紀念他徹底改變了許多人的人生，無論是擂台上還是擂台下的人。

從很小的時候開始，我就發現了爸爸的獨特之處：他有一種訣竅，能讓人們成為最佳的自己。他有時很溫柔，有時很強硬，但他始終如一地希望每個人都能發揮自己的潛力，無論是以運動員還是一般人的身分。

我特別記得有一次，那年我十三歲，和一個缺乏經驗又緊張的對手對打。我當然認為應該要盡可能地讓他難堪，因此我表現得像個混蛋。

當我爬出擂台，對自己感到相當滿意的時候，爸爸叫住我，要我再上去多訓練一會兒。他指派一個經驗豐富得多的拳擊手和我一起上場。想當然耳，新對手在整個比賽過程中完全躲開了我的攻擊，並確保體育館的每個人都看到我連一拳也打不中。所有同伴都看著我受盡羞辱。

當我離開擂台時，滿臉通紅——而且不只是因為運動的關係。爸爸問我：「你感覺怎麼樣？」我悶悶不樂地站在那裡。他說：「你現在的感覺和你給第一個對手的感覺是一樣的。永遠、永遠不要再欺負任何人。」

這是個艱難的教訓，但三十年後回想起來，我覺得對我很有幫助。如果我想做出讓人不舒服的事情，我就會想起爸爸那天教我的：善良、得體和謙遜永遠是更好的選擇。我爸爸讓我盡力成為最好的自己。

在他的體育館度過的年少歲月裡，我經常想知道，爸爸沒有受過正規訓練，在曼徹斯特只擁有一間簡陋、滿是汗水的房間，他是如何學會這些方法的？他似乎憑直覺就知道如何讓人發揮自己的潛力，無論是成為世界級的拳擊手，還是成為更好的人。

這些經歷激發了我一輩子的興趣，想了解高效能者的祕密，我個人的這種研究，靈感來自早年在科利赫斯特的個人經歷。離開家後，我成為家裡第一批上大學的人之一，並開始尋找其中的一些答案。

三十年過去了，身為作家、顧問和教練，我始終致力於理解高效能的文化：在這種環境中，人們可以發揮出全部潛力，就像我爸爸的體育館一樣。這是一段美妙、迷人、多彩多姿的旅程。多年來，我和世界級運動團隊的經理們一起工作，看著他們受到球迷讚美、審視、挑戰和嘲笑。我曾在三個不同項目的三屆世界盃比賽中擔任教練，曾站在世界冠軍爭奪戰的角落。甚至有一次，我的作品得到已故拳王穆罕默德·阿里的讚揚，這就如你想像的那樣超現實和令人謙卑。

一路走來，我一直試圖弄清楚是什麼讓高成就者成功，不只是體育方面，還有商業和生活中。多年來，我為許多公司提供諮詢，從聯合利華（Unilever）到天空公司（Sky），從桑坦德銀行（Santander）到瑪氏食品（Mars）等，探討如何創造卓越文化。二〇一〇年，我被任命為曼徹斯特城市大學（Manchester Metropolitan University）組織心理學與變革名譽教授。

所以，當傑克找上我，請我一同主持高效能 Podcast 時，我覺得這是很順理成章的下一步。在一個溫暖的夏日裡，我們約在諾里奇喝咖啡聊天。我們很快就發現，我們各自有一些特點，傑克是主持人，他有能力讓成功人士說出他們的經歷。而我是教授，了解傑出人士的心理。

「高效能」這個 Podcast 就此誕生。

拳擊手、芭蕾舞者、億萬富翁

我們剛開始做高效能 Podcast 時，目標很簡單。我們想和世界上最偉大的運動員、教練和企業家聊聊他們如何取得今天的成就，也希望所有聆聽的人都有機會向他們學習。

我們正在朝著這個目標前進。在 Podcast 的前十八個月裡，我們採訪了前利物浦隊長史蒂芬・傑拉德（Steven Gerrard）、電影明星馬修・麥康納（Matthew McConaughey）、奧運金牌得主凱莉・霍姆斯（Kelly Holmes）、南非橄欖球隊長錫亞・科里西（Siya Kolisi）、企業家荷莉・塔克（Holly Tucker）、著名芭蕾舞演員馬塞利諾・桑比（Marcelino Sambé）、曼聯總教練奧萊・貢納・索爾斯克亞（Ole Gunnar Solskjær）等人。

其中談到的一些內容非同尋常，比如強尼・偉基臣（Jonny Wilkinson）說，他現在對洗碗的看法就像他對二〇〇三年橄欖球世界盃決賽得分的看法一樣。有些則令人動容，企業家喬・馬龍（Jo Malone）講述了她在與癌症抗爭期間學到的一課，解釋了疾病是如何讓她對領導團隊有了新的認識。因為這個 Podcast，我們走遍了整個國家，從在曼徹斯特北區一間被暴風雨摧毀的工作室裡見到自由車運動員克里斯・霍伊（Chris Hoy），到在倫敦電視塔的頂樓舉辦關於高效能的研討會。

從第一個採訪對象里奧・費迪南德（Rio Ferdinand，足球球評，前曼聯後衛，他還告訴我們，他曾是狂熱的芭蕾舞者）坐下的那一刻起，我們就知道我們正在做一些了不起的事情。但反應之熱烈還是讓我們相當驚訝。高效能 Podcast 於二〇二〇年三月開播，正是全世界進入冠狀病毒大流行之際，這節目讓人們連結了起來。很快，就有人跟我們聯絡，告訴我們這系列節目改變了他們的觀點和生活。我們收到來自國際企業執行長、小企業老闆、教師和體育領導者的訊息。我們的亮點出現在二〇二一年歐洲足球錦標賽的準備階段：英格蘭國家足球隊主帥蓋雷斯・索斯蓋特（Gareth Southgate）出現在 Podcast 上，感謝我們「幫助我度過封鎖期」。

但隨著時間推移，我們逐漸意識到有些事情是 Podcast 做不到的。當你只關注某一個人的故事時，很容易忽略大局。每一集 Podcast 都提供了一到兩個動人的一課，但我們想著眼於更全面的東西。在本書中，我們彙集了幾十位受訪者的見解，提供了實現高效能的一站式指南。

這聽起來可能很樂觀。畢竟，我們的受訪者來自各行各業，沒有多少 Podcast 每週都請來拳擊手、芭蕾舞者和億萬富翁，而這些形形色色的人真的有很多共同點嗎？的確，每個受訪者都有強烈的個人特質，除了舉世聞名的短跑運動員迪娜・阿舍爾－史密斯（Dina Asher-Smith），還有誰能一面散發著強烈魅力，同時笑瞇瞇地說，如果你穿過她的跑道，她會「直接從你身上跑過去」？除了企業家荷莉・塔克，還有誰能告訴我們成功如何讓她不再是「荷莉暴風雨」（以及她做了什麼）？除了電影明星馬修・麥康納，還有誰能解釋如何從一個普通的喜劇演員，轉變為奧斯卡獲獎戲劇演員呢？

然而，隨著 Podcast 的發展，我們意識到所有高效能者都有某些共同特徵。無論他們是在體育、商業、電影，還是音樂方面取得了卓越成就，他們都強調為自己行為負責的重要性；他們談到將一次性的行為轉變為持續的習慣之必要性；他們還談到建立高效能文化的必要性，這種文化要超越個人，傳播到更廣泛的團隊中。

不管他們是否有意識到，但我們這些來賓們正在勾畫通往高效能的路線圖。從思維模式到日常習慣，從領導能力到團隊文化，這些高效能者為我們所有人指明了通往卓越的道路。

實現高效能的三步驟

即使有了路線圖，通往高效能的道路可能還是令人望而生畏。我們見到身價千萬的商人史蒂夫・摩根（Steve Morgan）時，他說他取得卓越成就的黃金法則是：「你要拚了命去做。」我們的許多來賓都和他有同樣的感受。

出於這個原因，我們會試著讓本書盡量簡單直接，這樣你就可以將所有的努力貢獻在你的高效能之旅上。本書分為三個部分，每個部分探索實現卓越的一個獨立元素。在每一部分中，我們都包含了幾個章節（或說「課程」），關於如何成為最好的「你」。

在第一部中，我們會介紹高效能的心態。在我們做到像高效能者一樣之前，必須先像高效能者那樣思考。正如田徑選手凱莉．霍姆斯告訴我們的那樣，大部分的成功都在於思維模式，用她的話來說，「**成功只有二〇%靠天賦**」。而且，正如我們將在開頭這幾章中看到的，高效能者看待世界的方式與我們其他人截然不同。我們將學習到高效能者如何為他們的每一個行為負責，如何保持動力，以及如何在極端壓力下控制自己的情緒。

有了高效能的心理學基礎，接著進入第二部，關於高效能行為。除了思考方式以外，你的行為也相當重要。在這裡，我們將研究高效能者所做的獨特而非凡的事情，描述高效能者如何發現並發揮自己的優勢，如何以有創意又令人驚訝的方式解決問題，以及如何將特殊的高效能時刻轉變為持續、根深柢固的行為。高效能和其他行為一樣，是一種習慣，隨著時間累積，就會變得像刷牙一樣自然。

但沒有人想獨自成為高效能者，事實上，沒有人能獨自成為高效能者：正如我們將在第三部學到的，最持續展現高效能的人是優秀團隊的一部分。因此，在第三部中，我們的重點是每個人要如何幫忙打造一個高效能的團隊。有兩個關鍵因素，首先，我們可以運用領導力，給同儕明確的方向，讓他們知道該做什麼。第二，打造文化，我們可以創造出一種氛圍，讓每個人都感到安全，像在家裡一樣，能夠發揮出最好的水準。最棒的是，我們會告訴你，你不需要成為執行長或隊長才能幫忙打造出高效能文化，你只需要成為團隊的一分子，準備好負起責任。

把這三個區域想像成同心圓，每個區域都與下一個區域緊密相連。這個順序是經過精心安排的，高效能從心態開始：在你能表現得像一個傑出人才之前，你必須像高效能者那樣思考。接下來是行為，你要把新的心理狀態轉化為具體行動。然後，透過這樣的行動，你可以把高效能文化傳遞給更大範圍的團隊，這對你和他們都有幫助。高效能會從我們的思想開始，擴散到行動，再到團隊中。

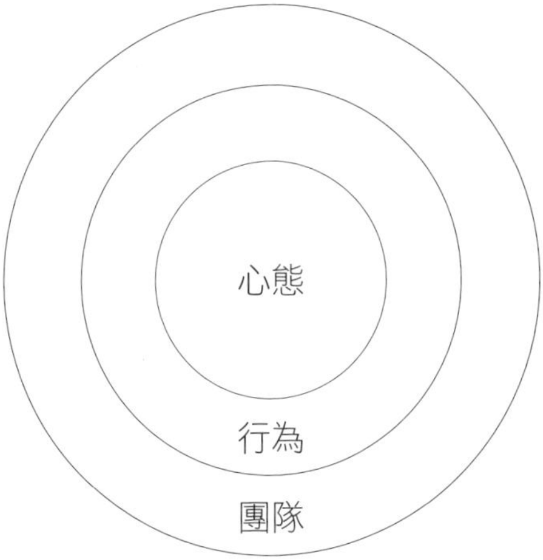

但我們也知道，在忙碌的生活中，要抽出三個（或六個、十個）小時從頭到尾讀完一本書並不容易。因此，在整本書中，我們提供了散見於文中的資訊框，幫助你立即應用高效能者的見解。其中也有一些資訊框提供的是實踐練習，會挑戰你，讓你思考。還有一些是描述我們自己的高效能之旅中的關鍵時刻。

我們稱這些資訊框為「高效能維修站」（High Performance Pit Stops）。這個名字來自世界上最快的運動——F1賽車。我們覺得高效能就像F1比賽，最成功的人就像運行良好的F1賽車，每一個零件，從車輪、引擎，到底盤，聚集起來推動車子前進。在F1中，那些最懂得有效管理進站時間的人通常能贏得比賽。

在本書中也一樣，這些維修站會讓一切變得不同。它們將挑戰你思考如何在自己的生活中使用高效能的方法，並給你信心去應用它們。

屬於你的高效能

在Podcast上，我們所有的採訪都以同一個問題開場：「對你來說，高效能的意義是什麼？」

在我們正式開始這本書之前，你必須找到你自己的答案。雖然我們的節目是對世界上一些最傑出人士的採訪，但我們當然不是要把每個人都變成奧運金牌得主或億萬富翁企業家。對我們許多人來說（包括本書的兩位作者），這並不可行（至少目前沒辦法），但這並不代表我們不能成為高效能者。

怎麼說？先想想我們那個開場問題的答案多樣性。根據二十一世紀最偉大的足球運動員之一史蒂芬・傑拉德的說法，高效能的意思是對你面對的任務「全力以赴」。而搖滾樂隊「立體音響」（Stereophonics）的主唱凱利・瓊斯（Kelly Jones）認為，高效能代表紀律：每次都做正確的事情，即使沒有人在看。最短的定義來自英格蘭橄欖球隊總教練艾迪・瓊斯（Eddie Jones），他給了我們四個字的總結：「擁抱折磨。」我們的來賓當中，有數百個大英國協和奧運冠軍，許多世界紀錄創造者，建立與銷售價值數十億的企業，然而，沒有任何一位高成就者提出與他人同樣的定義。

顯然，高效能的意義因人而異。對於一個試圖贏得歐洲冠軍的職業足球選手和一個要參加週六比賽的業餘球員來說，代表的意義完全不一樣。你必須弄清楚在你的生活中，高效能代表什麼意義。

但怎麼做呢？剛開始製作 Podcast 的五個月裡，這個問題難倒了我們。製作到第二系列時，我們已經聽到超過三十種不同的高效能定義，但距離得出一個答案還差得遠了。一直到我們遇到足球總教練菲爾・奈維爾（Phil Neville）。

奈維爾的職業生涯，就是以願意接受艱難挑戰而聞名。他離開了兒時的球隊曼聯，成為艾佛頓（Everton）的隊長，並在那裡待到自己的球員生涯結束。從職業足球隊退役後，他被任命為英格蘭女子足球代表隊的總教練，幫助她們贏得第二次女子信念盃（SheBelieves Cup），進入世界盃的準決賽，並獲得參加東京奧運會的資格。這個人肯定了解高效能，而我們有預感他的見解不會讓人失望。

果不其然，我們在老特拉福德球場對面，在他和別人共同擁有的飯店裡喝茶聊天時，奈維爾以隨性的態度分享了他球員生涯中奉行的信念：「**在你所處的位置，用你擁有的資源，去做到最好。**」

這麼簡單的一句話引起了共鳴。雖然每個人對高效能的精確定義各異，但奈維爾的這句話總結了所有高效能人士的共同點。

在這種描述下，高效能與成功的外在表象無關。奈維爾沒有提到他在職業生涯中得到的任何東西——獎盃、滿溢的銀行帳戶、豪宅。他反而是強調當個把握當下的高效能者。

在你所處的位置，用你擁有的資源，去做到最好。如果你是個老師，這可能代表要花更多時間去聆聽一個似乎對學校生活感到厭倦而不願參與的學生說話；如果你在商界工作，可能就是要額外投入時間來精進重要的推銷話術；如果你生活中最重要的事情是家庭，那麼高效表現可能就是和所愛之人共度美好時光這樣單純的事情。我們無法告訴每一個讀這本書的人，這個定義會把他們帶向何方。但在進入第一課之前，花點時間思考一下高效能對你的意義是什麼。

選擇你生活中的一個領域——人際關係、事業、興趣，然後想像一下，在你所處的位置，用你擁有的資源，去做到最好是什麼模樣。

你可以在辦公室裡做到高績效，也可以在週六比賽的球場上表現出色。無論你是剛開始第一份工作，還是剛開始培養新愛好的退休人員，你都可以成為高效能者。正如奈維爾所說：「你可能天生就有難以置信的能力，也可能沒什麼能力。」

但無論你身在什麼位置，是什麼樣的人，高效能都是你能夠做到的。我們希望這本書能幫助你理解它。

第 1 部

高效能心態

當我們行經地獄時，
尋找怪罪的對象是人之本性。
但怪罪沒有用，
真正重要的是我們如何應對。

第1課

承擔責任

「我覺得這就是人生。發生在我身上的事情就是人生的模樣——前進的途中一定會有些障礙。」

從他輕鬆的語氣，比利．蒙格（Billy Monger）彷彿是在談論一個小挫折，像是輸了一場足球比賽，或沒有通過工作面試之類的。從他的舉止，完全看不出他是在描述自己在一次災難性的賽車事故中失去了雙腿。

他告訴我們：「很明顯，大家都知道這件事，因為這是一個相當大的意外事件，很多人認得我。但就你的心態和如何克服這種事情而言，我不認為這場事故有什麼不一樣。」

很少有遭遇重大事故的人，會用如此低調的措辭來描述它。二〇一七年，蒙格參加在多寧頓公園舉行的英國 F4 錦標賽。這個十七歲的男孩在激烈的比賽之中撞上了一輛正在減速的車子。他們之間的一輛汽車擋住了蒙格的視線，使他無法迅速剎車，撞上了前面的車輛，結果蒙格的車子旋轉偏離賽道。

起初，蒙格認為他沒事。當醫護人員趕到時，他告訴他們先去救另一名賽車手。事實上，是腎上腺素讓他感覺不到受傷。九十分鐘後，他們才把蒙格從車裡解救出來，將他抬上救護直升機。他的父親羅伯特後來向媒體說：「我們全家人都在場，就在維修站的車道上。他們立即關掉了大螢幕，但是從離開維修站的大量醫療車看來，我知道一定很嚴重。」[1]

蒙格被實施誘導昏迷（induced coma），接下來的五個星期都必須住院。當他醒來時，發現兩條腿都被截掉了，一條截到膝蓋上方，另一條在膝蓋下方。

然而，在那場車禍的三年後，我們見到蒙格時，他很樂觀。他告訴我們：「當然有時候會有些事情讓我感到受挫，而且那種往往是一些小事，你再也不能做的小事。」不過總的來說，他對前景還是很樂觀：「我是一個相當快樂、冷靜的人。我通常不會讓事情影響到我……我以前和現在一樣快樂。」

此刻的他怎麼看待那場車禍？很簡單，他說：「**我知道那不是我的錯，但怎麼應對，就是我的責任了。**」

蒙格謹慎地強調了兩個詞：**過錯**和**責任**。這是非常強大的見解。沒有人會認為車禍是蒙格的錯，那是災難性地運氣不好。就算雙腿截肢讓他陷入惡性循環，也沒有人會責怪他。

但是並沒有，蒙格意識到，即使發生在我們身上的事情不是我們的錯，也有一件事是我們可以控制的：我們的反應。這就是他所說的「責任」——對於人生丟給你的事情，你可以控制自己的反應。正如我們將在本章學到的，區分「過錯」和「責任」的能力，是高效能者心理工具箱中的重要技能之一——也許是最重要的技能。

在蒙格的案例中，為自己的應對方式負責，表示努力找回過去的生活。他說：「人們喜歡問關於那場事故對我有什麼改變，但在我腦中，我還是原來那個我。」所以他不會讓事故阻礙他對賽車的熱情。事發後不到十一個星期，蒙格就重新開車了。「我腿上還有四十根釘子。」他笑著說。如今，蒙格開的是一輛改裝過的車，他仍然懷有成為F1冠軍的雄心壯志。

蒙格的故事是一堂克服逆境的大師課程。當我們行經地獄時，尋找怪罪的對象是人之本性。但怪罪沒有用，真正重要的是我們如何應對。

這個概念經常被誤解。負責並不是為那些不是你的錯的事情承擔責任，也不是當整個世界在你身邊崩潰時強顏歡笑。一個懂得負責的人依然能意識到「糟糕的事情發生了」，但他們知道自己仍能掌握的一件事，就是對逆境的反應。我們從高效能 Podcast 訪談中學到的一個重要觀念是，最厲害的人能迅速將發生在他們身上的事情（其中許多超出了他們的控制範圍）與他們的責任分離開來，並以最有效的方式去應對。

我們總是被我們無法控制的事物包圍著：工作、人際關係、家庭、疾病、經濟不景氣、全球的傳染病。但是，如果你希望能成為一個高效能者，你必須意識到如何應對挫折，完全取決於你自己。

為什麼責任很重要

「過錯」和「責任」的區別始於傳奇心理學家亞伯特・班杜拉（Albert Bandura）。一九二五年，班杜拉出生在一個家境普通的大家庭裡，在加拿大農村的一個小鎮長大。他很快就理解到，只有靠努力、自力更生和堅持不懈，才有可能成功。

高中畢業後，班杜拉找到了一份暑期工作，是在阿拉斯加高速公路上填補坑洞。在挖掘的過程中，他對同事們的模樣產生了興趣，尤其是那些有酗酒和賭博習慣的人。他的觀察使他終生著迷於大腦的工作方式。班杜拉繼續在多所大學學習心理學，最終在史丹佛大學任職。他花了超過五十年時間探索成功的科學，最終成為心理系的主任。

一個簡單有力的想法引起了班杜拉的興趣。他推測，當人們不相信自己有能力成功完成一項任務時，他們就會覺得努力根本沒什麼意義。當這些人嘗試完成一項任務時，只要一遇到障礙，他們的決心就會消失。他稱之為「低自我效能感」。

然而，當人們認為自己擁有一些正確的條件，而且一開始就認為能做得很好時，他們就更有可能著手努力，並在遇到困難時堅持下去，然後在這個過程中發現通往成功之路的新方法。他稱之為「高自我效能感」。[2]

在看待這個世界時，這兩種都不是絕對準確的方式：實際上，我們都能在一定程度上控制生活的某些方面，但無法控制其他方面。不過，那些相信自己能控制命運的人，總是過著更好的生活。

研究人員發現，具有高自我效能感的人傾向於把成功或失敗歸結於自己的行為，而不是認為這是他們無法控制的力量造成的結果。如果他們沒拿到某份工作，他們可能會認為這是由於缺乏練習或關注，而不是其他候選人的特質，或只是運氣不好。當然他們可能是錯的，也許真的就是運氣不好而已，但無論如何，自我效能感高的人會強調自己的責任。[3]

現在有大量證據表明，高自我效能可以顯著增加你的生存機會。一組心理學家在二〇一二年寫道，對自己的生活有強烈的掌控感，「與學業成功、較高的自我激勵能力和社交成熟度、較低的壓力和憂鬱發生率，以及更長的壽命有關」。擁有高自我效能感的人能賺更多錢，擁有更多持久的友誼，擁有更充實的人際關係，總體而言，他們對自己的生活感到更快樂。[4]

那些對自己的處境負責，並且認為自己能夠改變它的人，最終會比不這麼做的人更快樂。

承擔責任不僅能提升自尊，還讓你更能掌控自己的生活。

為什麼承擔責任會有如此正面的影響？要找出這個問題的答案，我們必須深入了解那些覺得一切都無法掌控的人的想法。而要做到這一點，我們就要先檢驗跟低自我效能感關係密切的一個觀念：習得性無助。

心理學家馬汀．塞利格曼（Martin Seligman）曾做過一系列實驗，他把狗放在一個封閉的箱子裡，並隨機間歇地給予電擊。[5]可想而知，狗狗們度過了一段非常可怕的時光，當電流穿過籠子時，牠們就會哀嚎吠叫。一開始，牠們想盡一切辦法要逃出去，但箱子鎖住了。（如果你覺得這個實驗非常殘忍，你是對的。）

然而，接下來才是實驗的重要部分。之後，同一群狗被放進另一個類似但沒有上鎖的箱子裡。這一次牠們可以逃脫電擊了，只需要跳過一個小隔板就行。但是這時，奇怪的事情發生了。許多狗並沒有試著逃跑，牠們只是躺下，等待電擊停止。塞利格曼得出的結論是，這些狗在經歷了一連串牠們無力避免的糟糕經歷後，從中記取了教訓，並開始認為自己就是無法控制任何事情。

你可能也碰過一些有「習得性無助」的人：他們認為自己根本沒有辦法阻止糟糕的事情發生在他們身上。他們討厭自己的工作，但又不去找另一份工作；他們不喜歡自己的性格，但又不做任何事情去改變它。他們說的一切都是負面的。

那些採取相反方法的人比較有可能蓬勃發展——走出箱子，停止接受電擊。這些人意識到他們的行為可以改變處境——因為我們每個人都可以掌控自己的生活。這就是為什麼承擔責任如此重要，因為如果你相信你能掌控自己的生活，你就更有可能真的掌控自己的生活。

這種世界觀可以用一句簡單的格言來概括：唯一能掌控你生活的人就是你自己。

高效能維修站 *High Performance Pit Stop*

不責怪原則

傑克

我在電視台做現場直播的工作。這工作有一大堆各式各樣的陷阱，而且都看不見。我常常不知道有些非常尷尬和非常公開的陷阱就在那裡，直到我掉進去為止。

利物浦在二〇二〇年贏得聯賽冠軍，這是他們三十年來的第一個冠軍，比賽在BT Sport現場直播，我就是主播。他們獲勝後不久，我們與他們的總教練尤爾根・克洛普（Jürgen Klopp）進行了一次獨家訪談。在電視機前數百萬名觀眾的注視下，製作人說克洛普已經準備好跟我說話了。

我知道該怎麼做，這就是我一直練習的目的。讓那些球評安靜下來，深呼吸，讓觀眾興奮起來，轉向我身後的大螢幕，歡迎克洛普來到我們的節目。那是我職業生涯中最重要的時刻之一。

「我很開心地宣布，從球隊飯店加入我們的，是利物浦總教練尤爾根．克洛普。」我說。

突然間，這位勝利總教練就出現在我身後約二十英尺高的螢幕上，他戴著招牌眼鏡、利物浦隊的帽子，臉上掛著燦爛的笑容。「尤爾根，你終於做到了。你能描述一下你現在的心情嗎？」

但似乎有點不對勁。克洛普的笑容變成了困惑，他開始做手勢，對鏡頭後面的人說了些什麼，似乎不是很高興。

製作人的聲音再次出現在我耳邊：「他聽不見我們的聲音，讓他走吧，我們會解決問題，然後再做一次。」我已經感覺到場面越來越尷尬。我很清楚，在疫情流行期間，一切都不同了，我們得依賴像 Zoom 這樣容易出錯的視訊應用程式。發生的很多事情都不是我們能控制的，但仍然令人沮喪。

不出所料，我們沒有找回克洛普。他立刻上了另一家電視台，做了一場精彩、感人肺腑的專訪，然後享受接下來的夜晚。

幾年前的傑克一定會對這個過錯念念不忘好幾個小時。我想找出答案，也想找個怪罪的對象。我會睡不著覺，腦中不停想著到底是哪裡出了問題，而且不只懊惱幾小時或幾天，甚至會到幾個星期。

但這一次，我想起了我在 Podcast 上學到的一課：負責的力量。雖然這些技術問題很煩人，但我有責任以最具建設性的方式去應對。如果我一直執著在這件事上，對同事和家人態度粗魯又糟糕，那就是我的不對。最好的解決辦法也是最簡單的方法：與其推卸責任，不如專注於自己的反應。

我把這稱為「不責怪原則」，每天都使用它——從最微小到最重大的時刻。一開始可能會覺得彆扭，但試著對發生在你身上的每件事負起百分之百的責任，不管是好是壞。至於克洛普的專訪？噢，就像我太太常說的：「這就是人生，那只是電視而已。」

專注於你能控制的事情

這一切在理論上聽起來很有用，但也有些棘手的問題：具有高度責任感的人，是做了什麼來培養這種心態？我們怎麼才能效法他們呢？

從我們對高效能者的採訪中，有三個關鍵因素非常突出。第一，多關注生活中你可以控制的事情，少關注你不能控制的事情。

在 Podcast 中，傳奇的荷蘭前鋒羅賓．范佩西（Robin van Persie）最能詮釋這個原則，他在職業生涯早期就明白了它的力量。范佩西在鹿特丹長大，十幾歲時加入鹿特丹的主要足球隊飛燕諾（Feyenoord）。短短幾年之內，就看出他不只是優秀的球員，更是世界級的球員。范佩西十七歲就完成了他的成年隊首秀，並在那個賽季末贏得了歐洲足球聯賽的決賽。范佩西被選為二〇〇一、〇二賽季的荷蘭最佳球員。而且，儘管他在飛燕諾的風評好壞參半——許多球員和教練都認為他態度傲慢、自命不凡，但沒有人能否定他的球技。在荷蘭俱樂部效力幾年後，他於二〇〇四年被英格蘭的兵工廠（Arsenal）簽下。

從他來到兵工廠的那一刻起，范佩西就成了兵工廠傳奇總教練阿爾塞納．溫格（Arsène Wenger）的忠實粉絲。他後來說：「和溫格聊幾分鐘就夠了。我知道我可以信任這個人，他和我一樣為足球瘋狂。」不過很可惜，溫格並不總是那麼喜歡范佩西，他被范佩西反覆的黃牌和紅牌惹得很惱，在公開場合和私下對他都很嚴厲。溫格曾說：「范佩西職業生涯的成功表現並沒有那麼穩定。我對他要很有耐心。」《每日電訊報》的一篇報導捕捉到了溫格的沮喪，他把范佩西形容為「二十一歲的人跟九歲一樣不聽話」。[6]

在兵工廠的最初幾年是一段艱難的時光。范佩西知道他沒有發揮出自己的潛力，他不只是不成熟，他根本沒有發揮出他該有的水準。范佩西在 Podcast 上告訴我們，部分問題在於他總是讓對手把他激怒。他說：「我的對手知道如何讓我做出反應，他們會對我說某些話，或在比賽中故意招惹我，做各種擾亂我、讓我心煩的事。如果我錯失某個機會，我就會非常情緒化和憤怒。我的對手看到我對自己失望、不滿意，他們就會變得更有自信。」

身為一名年輕球員，這種心態讓范佩西陷入負面的漩渦，導致他失去信心。然後，缺乏自信帶來糟糕的表現，又進一步削弱他對自己的信任。這種悲觀迴圈是眾所周知的現象，尤其是在體育領域。把對手拖入悲觀迴圈，是澳洲板球隊在一九九〇年代練就的技巧。他們會在三柱門旁對擊球手悄聲說話，迫使擊球手回憶起之前所有的失敗、弱點和過錯——這是一種叫做「sledging」（踩人痛處、惡意調侃）的言語攻擊戰術。澳洲隊隊長史蒂夫・沃（Steve Waugh）後來對這種戰術感到相當自豪，他說這可以在球還沒擊出之前，就「讓對手心理崩潰」了。

在職業生涯的早期，范佩西實際上就是在自我攻擊。他對我們說：「我會狠狠地責備自己。」主要的問題在於，他總是關注那些他無法改變的事情——對手、球迷的反應、媒體的批評。「我把注意力集中在無法控制的因素上，因此每場比賽後，我的心理和身體都非常疲憊，這樣持續了很長一段時間。我一直在和自己與他人爭鬥。」這種怪罪外部因素的傾向，一開始為范佩西提供了不少安慰：「這讓我可以輕易地為失敗辯解。」

然而，范佩西最後終於意識到，若想重新登上巔峰，只有一個辦法：專注於他能控制的事情。這是他直接從教練那裡到的見解：

有一天在訓練時，溫格走向我，問：「為什麼你還不是世界級的選手？」我問他誰才是，他一開始什麼也沒說，只是指著球場外圍的丹尼斯・博格坎普（Dennis Bergkamp）、蒂埃里・

亨利（Thierry Henry）和派屈克．維埃拉（Patrick Viera）。「他們，才是你應該達到的標準。」他說。我非常震驚：「我怎樣才能成為那樣？你有什麼建議嗎？」我問。而他說：「那就是你要自己想辦法的事了。」

范佩西搖了搖頭，說：「這是很棒的一課。」那個瞬間讓范佩西意識到，扭轉自己表現的方法，完全掌握在自己手中：**「高效能有部分是取決於你如何應對壓力，而我花了一些時間才明白我可以控制自己的反應。」**

你可能會認為這說起來容易做起來難。但范佩西想出了一個辦法：

我既不滿足，也不快樂。表現得還可以，但還不夠好。所以我開始寫信給自己，告訴自己在職業生涯結束時我想要實現什麼，以及我將如何承擔起實現它的責任……我意識到我不能再像以前那樣反應了。我應該站得更高，做出不同的回應。

這個方法很聰明，它把范佩西的注意力從他不能改變的事情，轉移到他能改變的事情上。雖然范佩西可能沒有意識到，但他使用的是一種歷經試驗證實的方法，稱為「山德爾信」（Zander

Letter），這個名字來自指揮家班傑明・山德爾（Benjamin Zander）。山德爾在擔任新英格蘭音樂學院（New England Conservatory of Music）的教授時，因為一個持續存在的問題而困擾：學生們會對各種評分和考試感到焦慮，因而動彈不得，停止進行大膽的創新。

一天晚上，他決定認真尋找解決辦法。在與他的太太治療師羅莎姆・史東・山德爾（Rosamund Stone Zander）進行了多次討論後，他們決定嘗試一種激進的作法。他們會在課程開始時給每個人一個A，而所有學生必須做的就是寫一封信繳回去，這封信必須這樣開頭：「親愛的山德爾先生，我得了A是因為……」，他們必須非常詳細地描述他們為什麼能拿到這個「絕佳的分數」，就好像這些事情已經發生了一樣。

山德爾後來說，這封信之所以有效，是因為它讓學生們「**把自己放在未來，然後回顧過去，報告他們在這一年中獲得的所有見解和取得的里程碑，就好像這些成就是過去確實發生的事情一樣。**」[7]山德爾認為，這種方法有助於人們移除取得成就的障礙，並培養負責任的態度，這能讓學生真正拿到A，而不是學期初自動給予的那個A。

對范佩西來說，寫這封信帶來了莫大的改變。在他寫完的幾個月後，他發現自己的職業生涯有了起色，幾年之內，他的表現完全改變了。他告訴我們：「在接下來的幾年裡，我真的成了頂級球員。」對於一個連續兩年獲得英超金靴獎、兵工廠歷史上最佳得分球員之一的人來說，這種說法實在太輕描淡寫了。寫完這封信後，范佩西開始審視自己面對挫折時的反應，並問自己：我能控制什麼？抱怨有幫助嗎，還是我應該專注於我手中的東西？

二十四歲時，范佩西終於明白了過錯和責任之間的區別。「正是時候。」他笑著說。

高效能維修站 *High Performance Pit Stop*

山德爾信

山德爾信也可以幫助你。寫一封時間訂在十二個月後的信給自己。這封信要以「親愛的（你的名字在這裡）」開頭，並詳細描述你如何實現了當前的目標。

這種對成功的想像不應該使用任何未來式的句子，比如「我希望」、「我計畫」或「我將會」，這些都不可以。相對地，在寫信的時候，要像是這些成就都是過去的事情，而你正在遙遠之處回顧它們。寫得越詳細越好，並列出你採取的實際步驟，以及你個人負責的決定。

最後，你就會得到一張粗略的路線圖，在接下來的一年裡為自己的生活負責。你能從這封信中學到什麼？它會讓你做出什麼改變？

回應你手邊的問題（而不是頭腦裡想的問題）

詹姆斯．丁普森（James Timpson）生長在一個收容了數十個少年的家庭，其中許多人的父母都在監獄裡。幫助比他不幸的人，這樣的經歷對他的人生觀產生了重大影響，甚至在他成為家族企業、英國知名零售商丁普森的執行長之後，也依然如此。

雇用刑滿出獄的更生人，這個想法是在丁普森和一個帶他參觀當地監獄的囚犯成為朋友後產生的。丁普森回憶道：「我真的很喜歡他的個性，所以他出獄後，我給了他一份工作，而他的表現真的很棒。」[8]在接下來的幾年裡，他都會去幾所監獄參訪，尋找潛在的員工。

但當他第一次建議要雇用有前科的人時，許多朋友和同事都嚇壞了：「他們會偷你的東西」、「他們會騙你」、「他們只會把薪水拿去買毒品」。大家都是概括描述有前科的人就是什麼樣子，而不是把他們當作獨立個體來對待。

丁普森知道這種概括的想法是很危險的事，所以他選擇無視同事們的反應，繼續實施自己的計畫，選擇根據每個情況本身的狀態來判斷，而不是一概而論。結果呢？他的員工中有將近一〇％是更生人。

丁普森這種不尋常的招聘政策奏效了。他底下許多更生人員工都是表現最好的員工。他告訴我們：「你可以幫助那些以前從來沒有機會表現的人，讓他們有地方表現。如果你做得正確，他們絕對會令人驚歎。」在許多零售商紛紛倒閉的時候，丁普森的事業卻持續擴張──擁有兩千家門市，而且還在增加。

丁普森告訴我們，見到那些更生人的生活因為他而有了轉變，那種感覺真的無與倫比：「對我來說，這就是當老闆的特權……有些人在剛加入的時候很拘束，不敢和你對視，過了一年後再看到他們，他們已經是經理了，銷售業績也很好。」

丁普森的經歷讓我們看到了第二種對生活負責的方式：對手邊的情況做出回應。在面對一個問題時，我們通常會過度概括（overgeneralise）。你有沒有這樣想過：「沒有人能解決這個問題」或「人都是一樣的」，這不僅通常不準確，而且會導致一種無能為力的感覺。**如果你對眼前的問題過度概括，你就會覺得你根本無法改變它的結果。這是低自我效能的來源**。

為了了解這個過程的運作方式，讓我們來看看你的腦幹頂部──位於大腦底部的中間深處。腦幹中有一個神經元系統叫做網狀活化系統（Reticular activating system, RAS），當我們開始過度概括時，它就會開始發揮作用。[9] 除了照顧你的睡眠週期，提高你的警覺程度，你的 RAS 還喜歡收藏你說的話，並找到很多例子來支持它。

比方說你買了一輛新車，一輛黃色的金龜車，然後第二天，你就會發現滿街都是黃色金龜車，這就是 RAS 的作用。在大多數狀況下，這沒什麼問題。RAS 有一個明確的功能：它能讓我們從每天接收的海量資訊中，篩選出相關的資訊。你的 RAS 知道你對黃色金龜車感興趣，就告訴你它們在哪裡。

問題是，RAS 方法也適用於你在生活中面臨的阻礙。例如，如果你說：「我的團隊從來沒有什麼好想法」，你的 RAS 就會找到很多例子來支持這個事實。它讓我們陷入災難。

塞利格曼在習得性無助的研究中提出了三個P，能指出你已經在過度概括了。那些把自己的問題視為普遍（pervasive）、永久（permanent）和個人問題（personal）的人，往往會比把問題視為特定、暫時的和外部問題的人生活得更加糟糕。[10]

我們依序來看看每一個P。「普遍性」（pervasive）指的是模糊不清且籠統的詞彙，如話語中出現「他們」、「大家」、「沒有人」、「完全」、「一切」……等。這就是丁普森的朋友和同事在談論有前科者時遇到的問題。這些詞彙可能會很危險，因為不需要對一個議題有特別深入的理解，反而是讓我們做出懶惰和廣泛的概括。但這個問題是我們可以解決的，當你發現自己在想「這個案子的一切都有問題」時，試著想想它的哪些元素（無論多麼小）是正確無誤的。當你發現朋友說：「他們總是做X」，就試著舉一個他們做過Y的例子。

第二個P，假設一種情況是永久的（permanent），也是同樣有害。在面對一個問題時，你是否經常使用「總是」、「一直」或「從不」這類的詞彙？（「我永遠都做不對」、「這種事總是發生在我身上」、「每次我嘗試……」）這很危險。這麼做是告訴別人（更嚴重的是告訴你自己），你的問題無法避免，而且不是短期的。語言在這裡極為關鍵，使用「偶爾」、「最近」、

「這陣子」和「有時候」這樣的詞彙，能夠讓你擁有更多力量，而且也比較精準。在向他人傳遞負面消息時，太多人說話時會有八卦記者的特徵——聽起來越聳動刺激、越不可避免越好。因此，我們會把短期的問題想像成長期的，甚至是永久性的。

最後，我們可以學著不再把問題看成第三個P：個人的（personal）。當我們認為自己遇到的問題是由於根深柢固的個人缺陷，而不是周圍的世界造成的時，就會感到無助。如果你立即開始把注意力轉向自己，並因為遇到的問題而責備自己（「我怎麼會這麼笨？」），就是把它變成了個人的問題，然而這樣鮮少有幫助。這與推卸責任或不承擔責任不一樣，回想一下比利·蒙格：這表示你可以控制一個糟糕的情況，而不認為這是你的錯。高效能是對你所做的事負責，而不是要不斷地責備自己。

也許這些方法中最鼓舞人心的例子來自依芙琳·葛蘭妮（Evelyn Glennie）。葛蘭妮從小就是一位了不起的音樂家，如今，她被公認為是那一代最偉大的打擊樂手。她的表演讓人目不暇給，她的手飛快地從樂器上劃過，讓人幾乎看不清楚，你能領會的只有音樂之美。

但身為音樂家，葛蘭妮有一個不尋常的故事。她是個聾子，而且是從十二歲起就聽不見了。對我們某些人來說，失去聽力可能意味著音樂夢想的終結。但葛蘭妮並非如此，她告訴我們，在小時候的一堂音樂課上，她意識到耳聾並不會阻止她成為一名打擊樂手。她的老師敲了一下定音鼓，然後讓聲音懸在空中。「他什麼也沒說，只是讓聲音的旅程開始。然後他問我：『依芙琳，你有感覺那個聲音嗎？』……我又聽了一遍，說：『有，我想我有感覺到。』」

從那時起，葛蘭妮理解到她可以去聆聽聲音，甚至可以感覺到它，而不一定要聽見它。「聽力障礙是個醫學問題。但聆聽呢？**在聽力方面，你可能什麼聲音也聽不見，但仍然是一個深刻的傾聽者。**」她說。房間裡傳遞著的振動就已經足夠了。「就好像我的身體變成了一個巨大的耳朵。」她突然明白了，耳聾並不會阻止她成為音樂家。

我們很好奇葛蘭妮怎麼會這樣看待自己的殘疾。在某種程度上，這與她的成長環境有關：她在蘇格蘭的一個農業社區長大，她說那裡的人「不會小題大做」。但這也與承擔責任有關，耳聾並不是她能控制的事，但她能控制自己的應對方式。葛蘭妮說：「對我來說，就是不要專注於耳聾。我知道我和別人不一樣，但這就是我的責任。我不會在和指揮家或其他音樂家合作時，找藉口說，因為我聽不到，所以你必須這樣做、必須那樣做。」

實際上，這就代表**專注於眼下遇到的實際問題，而不是災難化整個情境**。正如心理學家塞利格曼所說的，葛蘭妮認為耳聾是一個獨特的問題，而不是普遍的問題。「你必須非常清楚目前的情況……這就是實際情境，這就是需要發生的事情，而且對最終產品的品質絕對不會有任何影響。」這代表她要調整自己的行為，比如以九十度角面對管弦樂隊，以便更能感受振動，但就是不要過度概括問題的嚴重性。

葛蘭妮的故事告訴我們，根據問題本身去處理它的力量。

耳聾並不是葛蘭妮音樂生涯的終點，只是一次邀請，讓她重新審視對音樂的看法。她聽不見，但她是世界上最有才華的聆聽者之一。

承認自己的錯誤

還有最後一個可以幫助高效能者對自己負責的方法。我們都會犯錯，但有時承認自己的錯誤很難。然而我們的 Podcast 來賓卻不是這樣：他們總是會承認自己的錯誤，即使這樣做會帶來改變人生的後果。這種承認自己錯誤的能力，是我們對自己的人生負責的第三種方式。

為了理解這種方法的力量，我們可以看看安東尼．米德爾頓（Ant Middleton）的人生。現在許多人認為米德爾頓是個冒險英雄。他曾是英國皇家海軍精銳部隊的一員，曾攀登聖母峰，並駕駛十八世紀英國皇家海軍邦蒂號（Bounty）的複刻品穿越南太平洋。他寫了許多暢銷書，並主演了幾部電視影集，內容講述精銳士兵所面臨的挑戰。

在走到這一步之前，米德爾頓經歷了相當艱苦的過程。第一步是他的海軍陸戰隊訓練。在德文郡林普斯通（Lympstone）的海軍陸戰隊訓練營，他們以令人生畏的選拔考驗來招募新兵，不及格率高達八〇％。只有最優秀的人才能通過。這項為期八個月的評估，讓受試者處在一個壓力很大的環境之中，測試他們對指示的反應、對簡報的理解、領導能力和團隊合作等技能的極限。

這些評估的核心部分，就是觀察人們在事情出錯時的反應。招募人員稱之為「期望錯位」，目標就是把某人丟出他們的舒適區，然後看看他們的反應。海軍陸戰隊相信，在壓力之下，一個人最真實的狀態就會浮現出來。

在這些時刻，你會知道這個人到底是什麼樣的人，他們會把自己還是團隊放在第一位？他們是對眼前的問題做出反應，還是想辦法推卸責任？而這一切都是為了回答一個簡單的問題：你願意和這個人一同戰鬥嗎？

到了這個過程的最後，海軍陸戰隊員應該為自己的決定負起全責——同樣重要的是，也為自己的錯誤負起全責。這就是這段經驗教會米德爾頓的東西。他認為，海軍陸戰隊的訓練讓他對自己所做的事情有了一種完全的責任感，不只在戰場上，在日常生活中也是如此。在Podcast節目中，他向我們解釋他的責任感如何根深柢固。「**一旦出了問題……我只能看向一個人，那就是我自己。**」他說，「沒有藉口。」

這不只是理論立場，對米德爾頓來說，確實曾經出過很大的差錯。二〇一三年，某天晚上他在艾塞克斯（Essex）襲擊一名警察，被判嚴重身體傷害罪。當時他的兩個朋友打了起來，警察到場後，據說一名警察動手戳米德爾頓的胸口。

「長話短說，他把警察打暈，拿著一根繳械的棍子站在警察旁邊，然後就像特種部隊一樣跑了。」《泰晤士報》在米德爾頓的報導中說：「最終發現他躲藏在坎因河（River Can）中，水深到鬍子的地方。」[11]

這件事仍然讓米德爾頓感到憤怒。他在那一次採訪中說：「我真的認為他（那名警察）是濫用職權。」但米德爾頓也知道承擔責任的重要性，並且坦承，他當時攻擊警察，是相當大的判斷錯誤。

在高效能Podcast中，他提到在審判前律師問他，他曾經到阿富汗服役多少次。米德爾頓說：「『三次，』我告訴他，『最後一次是不久之前。』」

米德爾頓說，律師告訴他，這代表他的判決可以獲得很大程度的從寬處理。只要他強調他在阿富汗的經歷，甚至是說自己有創傷後壓力症候群（PTSD），就可以輕鬆脫身了。但米德爾頓的態度很明確。「『我不能那樣做，』我說。『我沒有PTSD。』」相反地，他打算坦白。「『我喝醉了。我跟人打了一架，結果傷了人。我活該進監獄。讓我服刑吧。』我就是這麼做的，我進了監獄。」

對米德爾頓來說，這是他在海軍陸戰隊訓練中學到的重要一課：**你必須為自己的錯誤負責，就像你得為自己的成功負責一樣**。他說：「你必須對自己負責。我做了一個糟糕的人生決定。這是我的錯，我有責任。」他停頓了一下，接著補充了他在林普斯通學到的最重要真理：「你必須承擔責任。」

後來，這個事件成了意想不到的祝福。米德爾頓形容這場打鬥及隨後在切爾姆斯福德（Chelmsford）HM監獄服刑的判決，「可能是我人生中最好的事情之一。」因為這個事件彷彿敲響了警鐘，讓他意識到，為了太太和孩子，他必須振作起來。他出獄後的六年內，將自己的精力投入到電視、出版和現場戲劇領域，並且取得了很大的成就。在這個過程中，他完全放棄了逞兇鬥狠。

責任等式

到目前為止，你應該能夠認出高效能世界觀的特徵了。高效能者對自己的行為承擔絕對的責任，他們專注於自己可以控制的生活元素，避免在艱困的情況下過度概括，當他們搞砸了時他們會坦白。

我們可以用一個簡單的等式來概括這種世界觀。

$$L + R = O$$

（生活 Life ＋反應 Response ＝結果 Outcome）

無論我們面對的是什麼事情——成為一名世界一流的兵工廠足球員，或是完成工作中的困難任務——都是這樣，生活丟了各種東西給我們，我們做出反應，結果就是兩者的結合。

高效能者和我們其他人之間的區別，就在於他們關注的是這個等式的哪一部分。如果你不喜歡你得到的結果，那麼你很容易會把注意力集中在等式中的「生活」。你可以責怪經濟、天氣、政治和各種體制，在很多情況下，你也沒錯，因為這些都會影響我們的生活。

但是這對你來說有什麼意義呢？因為你無法控制當中的任何一個，這不就是讓你感到無助的來源嗎？

另一方面，高效能者關注的是等式中的「反應」。想想你能改變什麼：你的心態、語言，和行為。畢竟，這是我們每個人都能掌控的，關注這些因素會讓我們感到有力量。

范佩西花了幾年時間才明白這一點，但現在他急於把這個教訓傳給他的孩子們。在高效能Podcast上，他和我們分享最近他和兒子沙奎爾（Shaqueel）的談話：

我兒子現在在飛燕諾U14（十四歲以下）青少年隊，他們踢進了決賽，是與阿賈克斯（Ajax）的一場重要比賽。他坐在替補席，到最後都沒上場。在回程的車上，他真的很失望，一下抱怨別人，一下抱怨教練。我把車停到路邊，開始跟他聊。我說，「沙奎爾，你聽起來就像個失敗者。當你說這些話的時候，在某種程度上，表示你已經輸了。你責怪這個人、那個人，責怪所有的事情。但關於你的事，我什麼也沒聽到。」

范佩西的教訓充滿了愛，但有一個明確的（甚至是嚴厲的）寓意：「我是你爸爸，我和你媽媽唯一的工作就是把你培養成一個好孩子，為生活做好準備。」范佩西在開車回家的路上對兒子說。「你可以犯錯，你可以做你想做的事，我還是會一樣愛你。你能不能成為足球員，對我來說並不重要。」但是沙奎爾並沒有顯現出他說自己有的雄心壯志，范佩西對沙奎爾說：「你說你對這個有熱情。**成功者會去主導，他們反省自己，並尋找可以改進的地方**。這才是你應該思考的問題。」

「我就這樣說，『問你自己這個問題：你是贏家還是輸家？』」他以強硬的信息作結論：「如果你想成為贏家，那麼去掌控自己的生活，停止抱怨他人。」

接下來兒子參加訓練時，范佩西決定去看看。「我看到這隻小老虎在訓練、奔跑、非常認真。我很高興。他終於知道他必須掌控自己的生活了。」

我們都可以將這一課套用到自己生活中的每一個處境中。

想像一下，星期一早上醒來時，看到傾盆大雨。如果你望著窗外呻吟，那只是否定事實的反應。雖然你不能控制天氣，但你可以控制自己的反應。如果那天早上稍晚，你被困在擁擠的車陣中，或其他司機對你很沒禮貌，那不是你能控制的事，但如果你發火了，或做出不必要的報復，那就是你的責任。如果你去上班時，發現同事獲得升遷（而你沒有），你所能做的就是親切地回應，而不是生悶氣或嫉妒。

想像一下，如果你選擇在下雨時欣賞自然世界的奇觀，對其他可能早上過得很糟的可憐司機發揮同情心，或決定提升自己的工作能力，這樣你就能成為下一個升遷的人。如果你選擇改變反應，一切是否都不一樣了？

直白地說就是：想像自己負起責任。

「生活」一直都是那樣，唯一能改變的，是你的「反應」。

課程摘要

- 對自己負起完全的責任，是達成高效能的第一步。沒人能控制發生在他們身上的事，但每個人都能控制自己的反應。
- 對自己的人生負責有三個步驟。第一，把你能控制的因素分離出來，並把時間和注意力花在它們上面。
- 第二，關注手邊的問題，不要過度概括。試著想想你能做些什麼來解決擺在你面前的問題。
- 第三，如果你真的搞砸了時（就像我們所有人一直在做的那樣），要承擔起責任。
- 還記得范佩西對兒子說的話嗎：「輸家怪罪他人，贏家檢討自己。」只有專注於自己的行動，才能邁向高效能。

建立動力就像馬拉松訓練一樣。
努力去做，
你會走得比你想像的更遠。

第2課 找出動力

「史蒂芬喜歡錢嗎？」

那是二〇〇四年夏天，朱莉・安・傑拉德（Julie Ann Gerrard）剛剛登上飛往里斯本的航班，她要飛往葡萄牙去支持她兒子，史蒂芬・傑拉德（Steven Gerrard）正在為英格蘭隊征戰歐洲盃。她發現自己和史蒂芬所在俱樂部利物浦的新總教練拉菲爾・貝尼特斯（Rafael Benitez）乘坐同一班飛機，利物浦的前任教練熱拉爾・烏利耶（Gérard Houllier）介紹他們兩人認識。

「貝尼特斯和她握手，打完招呼，然後馬上問了她一個非常直接的問題：『史蒂芬喜歡錢嗎？』」傑拉德在他的自傳《我的故事》（*My Story*，暫譯）中回憶道。「除了標準的『你好，很高興認識你』開場之外，這是貝尼特斯對我媽說的第一句話。」[1] 對貝尼特斯來說尷尬的是，傑拉德和母親關係非常親密，所以這位中場球員在母親走下飛機的那一刻就得知這件事了。

無論貝尼特斯是在開玩笑，還是真的想打動他的新中場球員，這件事代表著他與傑拉德那段起伏關係的開始。他問傑拉德母親的問題，表示貝尼特斯從來沒有完全弄明白，到底是什麼在驅動他的明星球員。

如你所見，貝尼特斯並不是唯一認為動力只取決於外部因素的人：金錢、名譽、成功。然而，他的問題誤解了高效能的真正本質。如果傑拉德的動力只是在最快的時間內賺到最多錢，他應該就不會留在利物浦了。

傑拉德的動力來自更重要的東西。他和俱樂部的關係很深，他第一次代表利物浦青年隊出戰，是九歲的時候。二〇〇三年，他被任命為隊長時，成為了現代足球界罕見的人物：一個在地男孩領導著他一直支持的球隊。

這表示他的動力遠遠不只來自薪水。「有時候，在從梅爾伍德（Melwood，編按：利物浦的訓練基地）開車回家的路上，我會停下來，坐在車裡告訴自己：『我是利物浦足球俱樂部的隊長。』」傑拉德後來在自傳中寫道。[2]

他對俱樂部這種根深柢固的承諾得到了回報。二〇〇五年，在伊斯坦堡舉行的歐冠決賽上，傑拉德在下半場的頭球破門扭轉局面，幫助球隊在〇比三落後的情況下逆轉局勢，擊敗AC米蘭，並在十二碼PK大戰中奪得冠軍。半場休息時，他跟團隊進行一場振奮人心的發言，那是只有真心付出的人才能說得出來的話：「**讓每一次挑戰、每一次奔跑、每一次射門都有意義。**

否則你們接下來一輩子都會帶著後悔。」[3]

在他十七年的職業生涯中，傑拉德對利物浦的貢獻達到了極限。在伊斯坦堡捧起歐洲盃後，僅僅六週後，傑拉德就向他自兒時就效力的俱樂部遞交了正式的轉會申請。荷西·穆里尼奧（José Mourinho），這位富有魅力的切爾西總教練，一直向傑拉德投以讚賞的目光，並開出了一份慷慨的邀約條件——傑拉德差點就接受了。[4]

但是傑拉德主要不是受到錢的吸引。這位二十五歲的球員對利物浦足球俱樂部越來越不滿意，主因是貝尼特斯在新的長期合約上令人不安的沉默。

這與薪水無關，而是關乎尊重。

結果，傑拉德似乎真的要離開他最愛的俱樂部了。這個決定讓人憂心忡忡，傑拉德於是和家人商量。「我告訴爸爸和保羅（傑拉德的兄弟），我認為俱樂部沒有給予我所需要的愛。」他後來寫道。[5]

最後，傑拉德拒絕了切爾西的邀約，剩下的就是歷史了。十五年後的一次採訪中，他仍然堅信自己做出了正確的決定——最終拒絕了穆里尼奧的邀約：「對於沒有去切爾西，我沒有任何遺憾。沒有。」[6]

當傑拉德出現在高效能 Podcast 上時，他的職業生涯已經有了另一個轉折，他當時是流浪者（Rangers，編按：蘇格蘭足球超級聯賽的球隊之一）的總教練。從職業足球退役後，他成功地帶領了利物浦青年隊，接著轉到流浪者。但他在利物浦安菲爾德球場（Anfield）學到關於動力的一課，則一直伴隨著他。

傑拉德和利物浦的關係，是相當有意思的一種動力。你可能已經注意到，高效能者似乎有一種非凡的內在驅動力：他們似乎是不屈不撓地致力於做到最好。但我們經常會誤解這種動力的來源，一般人很容易認為，動力就是獲得正確的獎勵——有了合適的薪水或足夠的聲譽，我們就會有動力。也許這正是貝尼特斯遇到傑拉德母親時的錯誤觀念：他認為動力是一種心理計算的結果，也就是傑拉德是在努力與報酬之間取得平衡。

事實上，動力相當複雜。最近的研究提出了一種思考動力的全新方式。研究指出，真正的動力很少與外在的小玩意有關，真正的動力來自內心。

你誤解動力了

如果你想了解真正的、隱藏的動力因素，札克．喬治（Zack George）的人生是一個很好的起點。

在整個童年時期，喬治都是嚴重超重的狀態，幾乎每天都吃麥當勞和家庭號的零食。「那時的我和現在的我完全相反。我一個星期吃好幾次垃圾食品，討厭運動。」他在高效能 Podcast

中告訴我們。

他的父母很擔心，因此給了他一個誘因，想讓他減肥。這個誘因就是新的 PlayStation。「我真的很想要 PS2。」喬治告訴我們。他爸爸看出了這個機會。喬治說：「我爸爸說：『我跟你做個交易——如果你成功減重，我就買一台 PS2 給你。』我就想：『天哪，我終於有機會得到 PS2 了。』」

首先，喬治減少垃圾食品。「我本來一星期吃五次麥當勞，就減少到三次。每天放學後不再吃小熊軟糖，改吃水果。」這樣確實有效。「大約一個月後，我們測量體重，我的體重減輕了一些。爸爸欣喜若狂，媽媽很高興，我也真的很高興，因為我對自己感覺很好。」

但是有一個問題。一旦他體重減輕了，也得到他的 PS2 後，喬治突然沒有了保持體態的真正動力。他得到了他想要的獎賞，卻讓他更難激勵自己。

直到參加了人生教練東尼．羅賓（Tony Robbins）的課程後，他的心態才改變。「那是很棒的研討會。」喬治說，而且從根本改變了他的動力：

> 這是我第一次為了自己而想改變身材、變得更健康。而且我不需要任何外在獎勵。不需要有人說：「如果你這麼做，我就給你這個……」我只是想變得更快樂、更健康，挖掘我的全部潛力。

這種心態的轉變是喬治人生的轉捩點，他很快就開始參與運動，像是橄欖球和壁球等，而且很快就有了優異的表現。他在一次採訪中說：「我打橄欖球的標準很高，而且我意識到，照顧好自己其實有助於我的表現。」健身很快成為他主要的熱情。「這在心理方面是很大的轉變，**為自己而做，而不只是為了從中得到什麼。**」[7]

畢業後，喬治在羅浮堡大學修習私人教練資格。但是直到他爸爸發了一段二〇一三年CrossFit體育比賽的影片給他後，他認識了CrossFit這種全方位的健身運動，這才是他真正的運動天賦。他立即愛上了這種包括游泳、舉重、倒立行走等一切的運動。他說：「我一看到它就想：『這就是我想做的。我想參加這個比賽。』」[8]他開始練習這項運動，經過幾年的努力後，喬治已經建立了令人敬畏的聲譽。在二〇一八年的CrossFit公開賽上，他得了第六名，並在過程中獲得了「銀背」的綽號。兩年後，喬治獲得了英國CrossFit公開賽的冠軍。

你可能注意到了，喬治和傑拉德的故事有很多相似之處。在兩個故事中，我們的高效能者都面對著外在獎勵——PS2、一份價值數百萬英鎊的切爾西合約。在這兩種情況下，一開始這種外部誘因都是很大的動力來源，不過他們最終都意識到，真正推動他們走向偉大的動力來自於內在。

心理學家稱此為內在動機和外在動機的區別。從本質上來說，外在動機是由外在獎勵驅動，如金錢、名譽、讚揚等，而內在動機則來自於對某項活動的內在滿足感，甚至不需要獎勵。這樣的區別聽起來可能不大，但這是高效能者和我們一般人之間的分界線之一。

內外動機的發現始於一九七一年，由紐約北部羅徹斯特大學（University of Rochester）的年輕學者愛德華．德西（Edward Deci）進行的一項實驗。[9] 德西給兩組心理系學生安排了一項任務，要測試他們解決問題的能力。學生們要解開三個索馬立方謎題（Soma cube，有點像立體的俄羅斯方塊或魔術方塊）。在學生完成第二個謎題後，德西說他必須離開房間去拿一些檔案。那是個謊言，他沒有去拿任何東西，而是在接下來的八分鐘裡，透過一面雙向鏡觀察這群學生。他觀察到，每個小組花了大約三分半鐘的時間在解索馬立方。

第二天，德西把立方塊拆開，然後告訴第一組學生，他們每答對一個謎題，就會得到一美元的獎勵。然而，第二組卻沒有提到獎勵，他們只是再次受到指示要解開謎題。在他們完成第二個謎題後，德西又離開了房間。

這一次，可以獲得現金獎勵的那組人花了更多時間在研究它們，他們似乎更有動力。另一方面，沒有獎勵的那組表現得和前一天差不多。這並不奇怪：當你給人們錢的時候，他們會更努力地工作。

比較令人驚訝的是第三天發生的事情，這一次，德西做了激烈的改變，第一組被告知一個不幸的消息——從現在開始，解開謎題不會再得到任何金錢獎勵。與此同時，第二組跟前兩天一樣繼續進行，他們很幸福，完全不知道有可能獲得金錢獎勵。

第一組像往常一樣開始任務，但很快情況就變了。在八分鐘的自由時間裡，他們失去了大部分的動力，被房間裡到處亂放的雜誌分散了注意力，而不是專心解謎。第二組則是跟先前一樣，大部分的自由時間都花在解謎。

發生了什麼事？對於曾拿到金錢獎勵的小組來說，這種動力並沒有持續下去。外在獎勵似乎能暫時提高他們的動力，但這種效果很快就消失了，那些拿到錢的人似乎失去了繼續工作的內在動力。然而，從來沒有拿到錢的那組人，在三天裡都維持著他們的動力。

這項研究是現今在心理學史上被引用最多次的研究之一，它推翻了一種信念，也就是讓人類執行任務的最佳方式是給予他們獎勵。這項研究指出，外在獎勵只能讓你走一小段路。你可以把這些好東西想成在困倦的早晨喝一杯濃咖啡：發揮效果的時候會讓人振奮，但這種效果必然會消失。

從這裡開始，德西和他於一九七七年認識的一名研究生理查．萊恩（Richard Ryan），開始開發新的人類動機模型：他們稱之為「自我決定論」（self-determination theory）。[10] 他們的理論指出，當動機是由內在的、「自我決定的」力量驅動時（例如個人成長和自我發展），它能帶來較高的自尊、較低的憂鬱和焦慮。另一方面，當動機來自外在的好處（例如財富和名譽），它會導致較低的自尊，以及較高的憂鬱和焦慮。總的來說，有內在動機的人會更加專注和自信，這樣一來，又能產生更大的動力。

相當有趣的見解，但就是這麼實用。當然，我們生活中有許多事情是沒有內在動機的，不是你做的每件事都那麼有趣。生活中必然有許多乏味的任務，填寫試算表，參加浪費生命的會議，這些都很難讓人感到興奮。實際上，我們所有的行為都是由內在和外在動機因素共同驅動的。想像一下，當你試圖讓某人改變他們的行為時，例如鼓勵孩子在學校更加努力學習，你可能就會同時著重內在因素（「你說不定會很喜歡它啊」）和外在因素（「我給你一塊蛋糕」）的組合。

因此，最好不要把內在動機和外在動機看成非黑即白的問題，而是要把它們看作一個光譜。德西和萊恩鼓勵我們想像一條線，一端是「完全非自我決定行為」，另一端是「完全自我決定行為」，[11]兩端分別代表了純粹的外在動機和純粹的內在動機。我們所有人都處於這兩者之間的某個位置，事實上，在平凡的一天當中，我們也會在光譜上左右移動。

運動心理學家葛雷姆．瓊斯（Graham Jones）和阿德里安．穆爾豪斯（Adrian Moorhouse）在他們的《培養心理韌性》（*Developing Mental Toughness*，暫譯）一書中提出了各種不同的動機，從完全內在的到完全外在的。[12]

看看以下的描述，思考一下你自己的動機通常在哪裡——在工作時，在家裡時，在培養一種興趣時。

・**完全非自我決定行為**

你努力是因為你需要外在獎勵來讓自己感覺良好。別人的認可是讓你覺得自己做得還不錯的唯一方法，你會把自我價值等於成功的物質象徵。沒有這些獎勵，你什麼都不是。

・**低自我決定行為**

你努力是因為你獲得了成功的回報。你做某件事得到的獎勵會融入你的自我意識──「我是一個擅長○的人。」這會給你強烈的動力。

・**高自我決定行為**

你努力是因為你享受這種行為本身。成功給你滿足感，進而讓你做更多你喜歡的事情。當然有外在因素存在，誰會不喜歡加薪呢？但幸運的是，它們與你喜歡做的事情一致。

・**完全自我決定行為**

你努力純粹是因為你熱愛它。對你來說，最重要的是參與的樂趣，外在獎勵根本不重要。通常，當沉浸在這樣的任務中時，你甚至會忘記外在獎勵的存在。

有哪個聽起來符合你的狀況嗎？或者是全部呢？對大多數高效能者來說，他們在選擇的領域方面，動機屬於後面兩個。他們的許多特徵：心理韌性、從失敗挫折中恢復的能力、掌握一門技藝的熱情，都是來自「自我決定」的內在動機。

但這並不代表我們這些對前面的描述比較有共鳴的人沒希望了。我們都會在某個時候經歷這所有的情緒，因為動機是靈活的——而這是好事。這表示只要有了正確的工具，我們都可以建立自己的內在動機。

高效能維修站 *High Performance Pit Stop*

動機矩陣

寫下你日常生活中的幾項不同任務。把你為了賺錢和為了好玩而做的事情都寫下來，從工作中最無聊的管理任務到你最喜歡的嗜好。

接下來，畫兩個相交的軸。一個軸是從你不喜歡的任務到你喜歡的任務。另一個軸從你不擅長的事情到你擅長的事情。

現在把你列出的任務放到這張圖裡面。如果你不擅長也不喜歡某件事情（我們的例子：冗長的公司會議），把它放在左下角的象限。如果你擅長

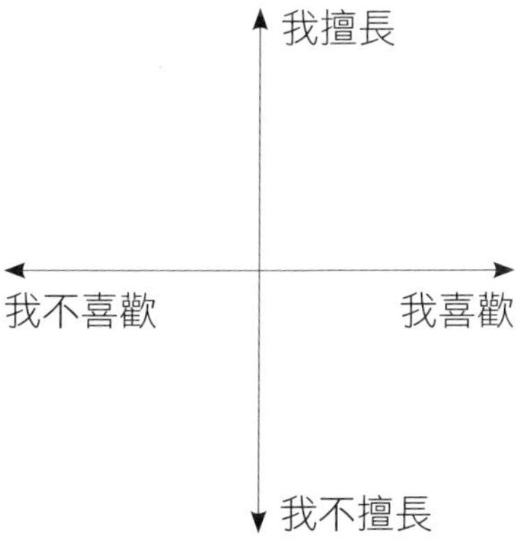

也喜歡某件事（我們的例子是：訪問高效能者），把它放在右上角。你能看出逐漸浮現的模式嗎？對許多人來說，這是證明內在動機力量的最快方法。你喜歡的事情，也就是你能找到內在動機的任務，往往就是你擅長的事情。但例外也同樣令人著迷。我們很多人都有一些自己不喜歡，但又得不情願地承認自己很擅長的技能。你覺得你的是什麼？而它給你的動機又是什麼？

忠於自己

幸運的是，自我決定理論不僅告訴我們內在動機很重要，也解釋了內在動機從何而來，以及我們可以如何建立它。

經過幾十年的研究，德西和萊恩成功地確定了建立內在動機的三種力量：自主、能力和關聯。丹尼爾・品克（Daniel Pink）寫道：「當這些需求得到滿足時，我們就會有動力、有效能又快樂。當它們受挫時，我們的動力、幸福感和生產力就會直線下降。」他的《動機，單純的力量》（*Drive*）一書對動力的科學提出了有趣的見解。[13]

但這三個詞彙到底是什麼意思呢？讓我們一個一個地分析，先從自主開始。缺乏自主性有一個很好的例子，就是我們在高效能節目中對前曼城和英格蘭二十歲以下球員里斯・瓦巴拉（Reece Wabara）的採訪，他退出足球比賽，專注於自己的時尚品牌：Manière de Voir（意思是「看的方式」），讓所有人大感驚訝。

從外界看來，瓦巴拉的足球生涯似乎正處於上升期。二〇一一年，年僅二十歲的他從曼徹斯特城足球俱樂部青年隊畢業，與俱樂部簽訂了一份為期三年的合約。他的職業生涯似乎有著巨大的推動力。

但有一個問題。瓦巴拉不喜歡職業足球狹窄的圈子，無論是在球場上還是場外。他告訴我們：「在職業生涯接近尾聲時，我真的非常不快樂。我需要掌控自己的生活。」

他說，問題在於他得在一個不允許人們做自己的世界裡活動。瓦巴拉一直對時尚、對這項美麗運動更迷人的另一面感興趣，但這不被他人認可。「我被認為是個很浮誇的人。人們會透過我穿的衣服、我開的車來評價我。」這令人精疲力盡。「他們說數字不會說謊，但不管我踢得多好，或把工作做得多好，教練都會說我注意力不集中。」

在經歷了令人沮喪的幾年之後，瓦巴拉決定做一些激進的事情：「因為缺乏自主、被人批判，我的職業被那些不準備超越自己觀念的人決定，使得我越來越沮喪。創業就是我把自己的命運重新掌握在自己手中的方式。」

瓦巴拉在二〇一三年創建 Manière de Voir，希望建立一個專注於優雅高級服裝的品牌。八年後，該公司獲得了非凡的成功，每週營業額達一千萬英鎊。瓦巴拉認為它的成功是因為它是他的天職。他告訴我們：「我所做的一切可以公開給所有人看……。這只是一個嚴守紀律、堅持不懈、保持目標的問題。」然而，**讓他成功的是，他在作真實的自己**：

如果這不是你的天職，就不要勉強。我覺得很多和我同齡或更年輕的人看到某個人創業，就會覺得他似乎賺很多錢、看起來很酷。他們會強迫自己走上這條路，然而這未必適合所有人。

很多人對這種感覺都很熟悉。瓦巴拉的故事揭示了獲得真正動力的第一步：自主。心理學家將自主性定義為與自我意識一致的行為，而且正如瓦巴拉的經歷所顯示的，它是內在動機的一個組成部分。想要獲得動力，你的工作應該反映出你的核心價值觀；想要有動力，你必須忠於自己。

為什麼這很重要？「能夠令人信服地將自己的工作合理化，做為真實自我的體現，最大的好處就是能為個人指明方向和目標。」莎拉．詹姆斯博士（Sara James）寫道：「工作為（個人的）基本問題提供了答案：『我是誰？』以及『我的人生該怎麼過？』」[14] 如果我們的工作與自我意識一致，我們就會有動力；如果它與我們的自我意識衝突，我們就會失去動力。

然而，我們究竟能做些什麼來找到這種使命感呢？在某種程度上，這是一個抽象的問題。我們大多數人都有一種感覺，覺得某些任務比其他的更有意義，但無法解釋為什麼。為了找到答案，可以看看精神病學家、大屠殺倖存者維克多．弗蘭克（Viktor Frankl）的工作，他思考了關於惡劣環境中意義的力量。

一九四二年，三十七歲的弗蘭克被帶到納粹集中營。這一段經歷使得他相信，即使在一些最基本的人類需求（安全、住所和食物）被剝奪的情況下，創造使命感也能夠幫助人們生存下來。弗蘭克寫道，人們追求的意義，才是真正定義他們的東西——而不是快樂、權力、地位或財富。

他所說的「意義」指的是一些簡單的東西。在弗蘭克看來，我們都想找到這個問題的答案：「為了什麼？」我們尋求一種超越特定環境的使命感，並為比自身更偉大的事情做出貢獻。這樣的探索是關於「少去想你對生活的期望，而是問自己，生活對你的期望是什麼」。[15]

我們不需要經歷像弗蘭克那樣可怕的事情，就可以聽從他的訊息。當我們找到一種超越自我的使命感時，它會驅動我們的動力感。試著確定你最珍視的價值觀：對家庭的承諾、讓世界變得更公平的願望，或團隊的重要性。如果我們想要感到有動力，就要把注意力集中在那些我們真心覺得很重要的事情上——以及我們是什麼樣的人。

掌控

人都喜歡周遭環境在自己掌控中。從嬰兒期開始，我們的很多行為就只是在表達我們想要影響周圍的世界。剛學會走路的孩子弄倒一堆積木、把球推開，或把蛋糕壓在自己頭上時，會高興地尖叫。為什麼？因為那是他們自己做的，就這樣而已。當我們無法控制周圍的世界時，我們會感到壓力、不快樂、絕望和沮喪，就像瓦巴拉的經歷那樣。

這是第一課的觀點（專注於我們能控制的事情）的另一種面向。這種方法不僅能幫助我們建立責任感，還能增強我們的內在動力。

掌控你的環境（或是像德西和萊恩所說的，鍛鍊你的能力），是建立動力的第二個關鍵方法。根據自我決定理論，能力是指我們對某領域的掌控感：我們相信自己是掌控者，這種感覺很好。我們可以透過做決定來增強自己的能力感。哥倫比亞大學和羅格斯大學（Rutgers University）的一組心理學家在二〇一〇年寫道：「每一個選擇，無論多小，都會強化控制感和自我效能感。」[16]

當人們相信他們能控制自己的處境時，他們會更努力工作，更能適應挫折。我們對控制的欲望是如此強烈，而且控制的感覺是如此令人滿足，以至於我們經常試圖控制不可控制的事情。比如說買彩券時如果能自己選擇號碼，人們會覺得比較有可能中獎；如果能自己擲骰子，人們會覺得更有信心獲勝。

紐澤西州羅格斯大學的毛里西奧・德爾加多教授（Mauricio Delgado）以交通堵塞為例。「當你在高速公路遇到塞車，看到前面有一個出口，儘管你知道走那邊回家可能要花更多時間，但你還是想開出去，對吧？」他說，「那是我們的大腦因為掌控的可能性而興奮起來。回家的時間不會比較快，但感覺會比較好，因為你覺得自己彷彿掌控了狀況。」[17]

要了解掌控自己處境的力量，可以看看奧運跳水金牌得主湯姆・戴利（Tom Daley）的職業生涯。他第一次對跳水產生興趣是七歲的時候，當時他在普利茅斯（Plymouth）當地的游泳池，看到比他大的男孩從跳水板上跳下。很快，他發現自己在這方面很有天分。幾年之內，他就成為了這個國家最有前途的跳水運動員之一。二〇〇八年，年僅十四歲的他代表英國隊參加北京奧運，成為英國隊最年輕的隊員。

但戴利的職業生涯並非總是一帆風順。在北京奧運會取得成功的三年後，他的父親死於腦瘤。一年後，他成為了倫敦奧運的代言人。又過了一年，他出櫃了，迅速成為 LGBT+ 權利的宣導者。不久，他和伴侶蘭斯有了一個小男孩。儘管面臨著悲傷、壓力和偏見，以及成功、讚譽和愛，戴利的表現依然驚人的穩定，贏得了三屆世錦賽的金牌，並成為第一個獲得四枚奧運獎牌的英國跳水選手，其中包括東京奧運會的金牌。

他是怎麼做到的？答案或許在於他行使控制的方式。他告訴我們，從很小的時候起，他就喜歡控制周圍環境。在他職業生涯的早期，他有一隻可愛的猴子玩具，每次比賽都會帶它一起去。「我知道這不合理，」他笑著說：「但他的存在給了我一種撫慰的感覺，讓我相信一切都在我的掌控之中。」他還講到自己發現玩具不見了時的盲目恐慌。（他的母親黛比被派去瘋狂尋找替代品。）

今天，玩具猴子已經是歷史了。但戴利繼續強調控制在動力方面的重要性。他告訴我們：「在過去的幾年裡，我養成了一個習慣，每天一開始就寫下我當天要完成的三件事。**任務是大是小不重要。重要的是遵循這個過程——控制我能控制的事情。**」

從本質上來說，正是這種控制感讓戴利充滿動力地發揮出他的最佳狀態。他告訴我們：「我每次都努力實現成績目標——一套完整的十分，這能幫助我實現目標：贏得金牌，個人自豪感和由此而來的成就，以及我所能留下的成績。然而，要做到這一點，最重要的就是可控制因素——過程。」

為什麼這種方法會激發動力？因為當我們感覺能夠控制周圍的環境時，就會覺得自己有能力，我們是自己命運的主人。控制你的處境，你就能控制你的動力。

如何掌控

達米安

這些年來，我看過一些士氣低落的運動員，但沒有什麼比二〇一九年三月十六日晚上，特威克納姆球場（Twickenham）客隊更衣室中場休息時更陰鬱的氣氛了。

我和蘇格蘭國家橄欖球隊合作了四年，這場是我見過的最慘的比賽之一。蘇格蘭隊在他們的主場觀眾面前，在充滿活力的英格蘭隊的包圍下，步履蹣跚地離開了場地。當時的分數，你最好遮著眼看，是英格蘭有史以來，在蘇格蘭和英格蘭的比賽中最大的半場領先：三十一比七。

蘇格蘭的球員看起來很震驚。當醫護人員和物理治療師替他們處理傷口和淤青時，我更擔心的是這樣的失敗可能會給他們帶來長期的心理創傷。在之前的四十分鐘裡，球隊的信心似乎完全崩潰了。

總教練格雷戈爾．湯森（Gregor Townsend）怒不可遏。他前一週仔細解釋過的詳細指示似乎被拋棄了。他和助理教練們進入一個小房間，在那裡進行危機處理。然而，當他露面時，他發表了一篇引人入勝的談話。他顯得鎮定、沉著、頭腦清醒。他解釋說：「我們需要忘掉表現。忘記記分板。比賽結束了。」

相對地，他把球員的注意力從結果（可能被羞辱）轉移到過程：他們可以控制的行為。他要求他們關注三種行為：勇敢、勇於冒險和團結一致。他宣布：「做到這一點，我們就可以昂首闊步地離開這個體育場。」

在湯森的談話之後，我看到團隊完全專注於可控制的行為，而且不可思議的是，他們扭轉了比賽局面。蘇格蘭隊下半場的表現堪稱橄欖球史上最激動人心的比賽之一，他們得分五次，將比數扳成三十八比三十八，進而保住了加爾各答盃的冠軍。

這件事讓我上了一堂寶貴的動力課程，或者更重要的是，關於失去動力的一課。當你感到失去動力時，專注於你手中的事情會有所幫助。

有一個關於邱吉爾的故事（也許是杜撰的），他提倡列兩張清單：一份是所有你能做些什麼的清單，另一份是你什麼也做不了的清單。他說：「做一些你能做的事情，然後去睡覺。」

這就是戴利在為奧運做訓練時所做的。這也是蘇格蘭在特威克納姆那場決定性的下半場學會的。如果你曾經感到失去動力，寫下所有在你掌控中的事情，然後刪除其他的事情。

找到你的歸屬

在我們坐下來與切爾西和英格蘭傳奇球星法蘭克・蘭帕德（Frank Lampard）聊天之前，我們反覆觀看著一段一九九七年西漢姆聯足球俱樂部（West Ham United Football Club）球迷論壇的影片。一九九六年初，年僅十七歲的蘭帕德為西漢姆聯完成了第一場比賽。他看起來是一個完美的球員，不僅是一個有天賦的年輕中場，而且是在青年隊效力了幾年之後才加盟主隊的本地男孩。然而令人驚訝的是，他進入俱樂部卻遭到了強烈的懷疑。

因為蘭帕德不是普通的當地小孩。在那些日子裡，他被稱為小法蘭克・蘭帕德。直到十年之前，他父親老法蘭克・蘭帕德還是俱樂部的明星左後衛之一，叔叔哈里・雷德克納普（Harry Redknapp）是俱樂部的教練。許多球迷認為蘭帕德能進入俱樂部的原因只有一個：裙帶關係。

這種緊張關係在球迷論壇上達到了頂點。西漢姆聯的球迷可以在論壇上向雷德克納普和一群球員提問，包括蘭帕德。西漢姆聯表現不佳，在東倫敦的烏普頓公園球場（Upton Park），雷德克納普受到了球迷的抨擊，全場氣氛緊張。直到人們的注意力轉向了蘭帕德。

一個球迷拿起麥克風，問了一個尖銳的問題：「我想問哈里，他給小法蘭克的宣傳是否有必要，因為我個人認為他還不夠好。」[18]坐在教練兩邊的球員做鬼臉，試圖一笑置之。但雷德克納普本人並未如此，他說：「他夠好了，而且肯定會更好。」當球迷開始抗議時，雷德克納普加大了賭注：「那是你的觀點，我有權利表達我的觀點……我現在告訴你，雖然我不想在他面前說這個，但他會一直走到最高的位置。最高的位置。」

我們很好奇蘭帕德如何看待西漢姆聯球迷的敵意，以及他叔叔的支持。「我在一個到處都是西漢姆聯球迷的地方長大，那裡的人生格言是：永遠照顧你的家人。」蘭帕德曾經寫道。所以那些批評很傷人。「我感受到最殘酷的一面。我是西漢姆聯大家庭的一員，但我沒有得到照顧。我沒有得到任何支持……他們對我的忠誠到哪裡去了？」[19]

但是，在某種程度上，由於他叔叔的支持，蘭帕德很快就證明球迷們錯了。首先，他成為了西漢姆聯先發十一人的關鍵球員。在他的職業生涯結束時，他已經成為了另一支倫敦球隊切爾西的主力，這支球隊獲得了三次英格蘭足球超級聯賽冠軍、一次歐洲冠軍盃冠軍、四次英格蘭足總盃冠軍、一次歐洲冠軍盃冠軍和兩次足球聯賽盃冠軍。一路走來，蘭帕德確立了自己二十一世紀最偉大的中場之一的地位。

他在西漢姆聯家庭中的角色，以及隨後被切爾西接納，讓蘭帕德更加意識到歸屬感的力量。在Podcast節目中，他強調在一個會鼓勵和培養你的群體中，有家的感覺的必要性。他告訴我們：「我仍然帶有一些倫敦東區的家庭精神。現在我當上教練，這種感覺更強烈了。」

蘭帕德的世界觀巧妙地帶出了建立動力的第三種方式：關聯。根據自我決定理論，**當我們感覺與周圍的人有連結時，我們的動力就會增加**。人類是社會性動物，我們知道如何合作。這種合作，無論是照顧弱者、保護領土，還是為族群收集食物，都能提高存活率。感覺與他人有連結的需求，編入我們的DNA了。

而我們怎樣才能建立這種關聯感呢？一種方法是試著尋找會培養、鼓勵人的團體，來提供我們支援。這種支援網絡可能來自最不可能的地方，正如我們在見到英國橄欖球隊前隊長戴蘭·哈特利（Dylan Hartley）時所發現的那樣。

那次訪問一開始就很有趣。哈特利走進我們錄製Podcast的倫敦飯店時對我們說：「我做過很多這樣的採訪，我把那些主持人都吃掉了，再把他們吐出來。」不難理解哈特利為什麼會因為犯規而被禁賽近兩年，錯過了二〇一三年英國和愛爾蘭雄獅隊在澳洲的巡迴賽。「這場訪問一定會很有趣。」我們低聲對彼此說。

但我們坐下來正式開始談話時，第一印象就被打亂了。哈特利說話仔細審慎，還分享了許多關於他職業生涯中經過深思熟慮的見解，他十五歲時離開紐西蘭的家，周遊世界超過一萬英里，最終率領英格蘭隊獲得兩次六國橄欖球錦標賽冠軍，並在澳洲首次贏得客場系列賽勝利。他一點也不像媒體描繪的那樣，是似乎只對戰鬥感興趣的好鬥球員。

事實上，他的動力來自更大的東西：為他熱愛的球隊效力所獲得的歸屬感。「北安普頓聖徒（Northampton Saints）對我來說不只是一個球隊，」他從職業橄欖球退役時說：「這個地方給了我方向、目標、家的感覺和歸屬感，最終成為我每次有機會打球時，都很自豪自己能代表的群體。」[20]

英格蘭隊總教練艾迪．瓊斯後來非常欣賞哈特利的團隊精神。瓊斯於二〇一五年接管了英格蘭隊，當時他們正處於低谷。英格蘭剛剛成為世界盃歷史上，第一個在小組賽第一階段就被淘汰的主場國家。他的首要任務之一是決定誰當隊長。瓊斯曾說，他希望他的球隊變得「理性頑固」，打一種身體強壯、毫不妥協的橄欖球賽。他對哈特利的印象是，他符合這種模式：「他是個討厭的混蛋。」[21]

但當他真正見到哈特利時，瓊斯意識到這個人擁有的比他想像的要多得多。他邀請哈特利到薩里（Surrey）的一家飯店見面。瓊斯後來寫道：「一個有點肉的小傢伙走了進來。他戴著眼鏡，書生氣十足，看起來比較像四年級的哲學系學生，而不像橄欖球運動員。」瓊斯很驚訝。「哈特利向我伸出手……他看起來一點也不像媒體描繪的食人魔。」

就像我們在採訪中發現的，瓊斯意識到哈特利的動力，從本質上來說，是一種建立團隊歸屬感的渴望──或心理學家所說的「關聯」。瓊斯回憶說：「他顯然是個很正派的人，除此之外，我對他積極與不同人打交道的能力也很感興趣。很明顯，他能讓球員們團結起來。」瓊斯很快就明白了哈特利的能力，他會提醒隊員什麼才是真正重要的事。「他是我們最重要的『膠水人』，把團隊團結在一起。」瓊斯寫道。[22]

哈特利表示同意。瓊斯「看到了團隊的分裂。」哈特利說，「他認為我是個善於交際的人。

我和房間裡的每個人都有連結。我非常努力地去了解我的隊員，和每個人都會開點小玩笑。他把我看作是那種基礎隊長，把一支球隊和一種文化團結在一起的人。」哈特利很快意識到，他有一種獨特的技巧，可以建立團隊的歸屬感。

確實發揮效用了。二〇一九年，是十多年以來，英格蘭隊距離世界盃冠軍最靠近的一次，可惜在決賽中落敗。然而與五年前的團隊相比，這是一種完全無法想像的表現，而這種轉變在很大程度上要歸功於關聯性的力量。

動力代表快樂

在Podcast訪談的最後，我們問札克．喬治，從外在動力轉移到內在動力，他獲得了什麼？他立刻給了答覆。他告訴我們：「最先想到的是自信。因為我原本不是個有自信的孩子，我對自己的模樣也不滿意。**內在動力帶來自信和快樂，是任何外部獎勵都無法給你的。**」

關於為什麼激發你的動力是如此重要，喬治的回答是我們聽過最簡潔的回答。在某個層面上，動力是有實用性的。如果你想要成功，就需要有動力，這是確實致力於我們的行動的唯一方法。但另一方面，它是關於快樂——這點甚至更重要。正如喬治所說，「我想傳達給人們的一個資訊是，保持健康和快樂是人生中最重要的事情之一。」這當然不僅適用於身體健康，如果你控制自己的動力，你不但會更成功。也會感覺更好。

正如我們在本章中看到的，內在動力的祕密在於心態的轉變。第一步是要了解長期動力，就像理查．萊恩和愛德華．德西所說的「高品質動力」，不是外在的好處，比如加薪或在Instagram上獲得粉絲。這是關於你自己的內在動力：享受某件事本身的能力，並對做這件事所帶來的回報感到滿意。

這種內在動力到底從何而來？正如這些高效能者發現的，有三種方法可以建立這種內在動力：瓦巴拉離開職業足球去發展自己的事業時發現，最有動力的事情是那些給我們**使命感**的事情；戴利在十米跳水板頂端的經驗告訴我們，當我們**掌控了自己的處境**時，就會感到有動力；還有蘭帕德早年在西漢姆聯時的見解：當你覺得自己有**歸屬感**時，你就會準備好更努力。

然而，令人驚訝的是，所有這些因素其實都掌握在我們手中。太多時候，我們認為動力是一種靜態的東西：你要麼有，要麼沒有，這表示你無法做太多事情來改變它。問題是，這只是個迷思。這些高效能者一開始也沒有這些特點，很多人是經歷了慘痛的教訓才學到的（想想蘭帕德在西漢姆聯與球迷的不愉快經歷）。把提高你的動力想像成馬拉松訓練，那並不是你與生俱來的，而是你必須為之努力的事。但是努力去做，你會走得比你想像更遠。

這就是為什麼建立動力是通往高效能道路上至關重要的一步。我們的生活中有太多不受我們控制的因素，但獲得動力不是其中之一。

課程摘要

- 雖然物質獎勵和社會地位可以在短期內激發動力，但從長遠來看，它們遠遠不夠。真正的動力來自於內心。
- 內部動力有三個來源。第一，「自主」。當你的行為與價值觀一致時，你就更容易為此感到興奮。
- 第二，「能力」。當我們能夠控制我們正在做的事情時，我們會最有動力。
- 第三，「關聯」。當我們感覺自己是比自身更大的事物的一部分時（比如一個團隊），就能更長久地保持動力。
- 然而，內在驅動的價值遠遠超出外在推動。這對你的整個世界觀都有好處，就像札克·喬治一樣，有動力的人也是快樂的人。

百分之八十的勝利來自心理。

第3課 情緒管理

我們用幾個問題開始這一章。

你將會讀到三段敘述，都是關於在壓力下工作的高效能者。在每一種案例中試著猜測：接下來發生了什麼事？

一、克里斯．霍伊（Chris Hoy）

日期：二〇〇三年八月一日

地點：德國斯圖加特的漢斯．馬丁．施萊爾體育館（Hans - Martin - Schleyer – Halle）

比賽項目：世界自行車錦標賽

一公里可能是自行車比賽中最難的項目。它需要加速和速度，但就像四百公尺賽跑一樣，也需要耐力。克里斯．霍伊可能是英國有史以來最偉大的自行車手，他曾將這項賽事描述為「鬥劍士」：「你有一次機會，你的身體處於危險之中，這很殘酷，因為每個人都會崩潰，訣竅就是比別人晚崩潰。」[1]美國自行車手斯基．克里斯多夫森（Sky Christopherson）的話更加直白：「我的血變成了蓄電池酸液。」[2]

霍伊曾在二〇〇二年的哥本哈根世錦賽上贏得該項目冠軍。第二年，他前往德國斯圖加特（Stuttgart）捍衛冠軍地位，在曼徹斯特基地那些徹底和嚴格的準備工作增強了他的信心。一公里競速這種比賽的設置，似乎是為了增加壓力。每個選手都耐心地等待輪到自己的時刻，看著他們的對手進行嘗試，而他們自己的出發時間也越來越近。身為衛冕冠軍，霍伊被安排在最後一個出賽。

在他的前一場比賽中，霍伊目睹了他的德國對手斯特凡．尼姆克（Stefan Nimke）打破一公里計時賽的世界紀錄。人群欣喜若狂。

那麼，接下來發生了什麼事？

A 霍伊打破了新的世界紀錄，保住了自己的世界冠軍頭銜。

B 霍伊和尼姆克並列，兩人共同獲得冠軍。

C霍伊卡住了，無法適當加快速度，令人失望地獲得第四名。

二、凱莉・霍姆斯（Kelly Holmes）

比賽項目：世界田徑錦標賽
地點：瑞典哥德堡烏利維（Ullevi）體育館
日期：一九九五年八月八日

凱莉・霍姆斯是英國奧運史上最偉大的運動員之一。她二〇〇四年在雅典奧運會上的表現，是現代奧林匹克歷史上最戲劇性的逆轉之一。當時，儘管三十四歲的霍姆斯已經接近職業生涯的終點，但她還是出乎所有人的意料，贏得了八百公尺金牌。霍姆斯在得知自己贏得八百公尺金牌時，那個驚愕的表情非常有名，經常被描述為現代奧運會最具標誌性的畫面之一。[3]

但在二〇〇四年獲得冠軍之前，霍姆斯早已是英國最傑出的跑步運動員之一。一九九五年，她參加在瑞典哥德堡（Gothenburg）舉行的世界田徑錦標賽，這是她職業生涯早期的開創性時刻。當時霍姆斯還在英國軍隊服役，狀態非常好。她那年參加的每一場比賽都贏得勝利。她後來寫道：「我滿懷信心地參加了這次錦標賽，決心奪取金牌。我知道我有很大的機會獲勝。」[4]

她唯一沒有遇到的選手是哈西巴・博爾梅卡（Hassiba Boulmerka），一九九一年女子一千五百公尺世界冠軍，一九九二年時成為阿爾及利亞第一個獲得奧運冠軍的選手。博爾梅卡之前受傷了，世界錦標賽是她本賽季的第一場比賽。

「我們被安排到同一個場次，只是跑步的策略不一樣。」霍姆斯回憶道。「博爾梅卡從一開始就跑到很前面，而我則待在後面等待時機。我以輕鬆的第二名落後於她。準決賽抽籤結果出來後，宣布我們又要和彼此比賽了。」[5]

霍姆斯長久以來的教練戴夫．阿諾（Dave Arnold）公開抱怨說，這兩個對手在決賽之前兩次被分在一起。在第二場比賽中，兩名運動員並肩衝過終點線。博爾梅卡最終以〇．〇二秒的差距微微領先，擊敗了霍姆斯。

第二天，她們將在一千五百公尺決賽中再次相遇。

那麼，接下來發生了什麼事？

A 霍姆斯在決賽中打敗對手，獲得了她在世錦賽的首枚金牌。

B 同時衝過終點線，需要照片來判斷霍姆斯還是博爾梅卡獲勝。

C 霍姆斯缺乏體力，以令人失望的第二名落後。

三、安東尼·米德爾頓（Ant Middleton）

日期：二〇〇七年
地點：阿富汗赫爾曼德省（Helmand）
活動：皇家海軍陸戰隊臥底任務

安東尼·米德爾頓第一次參加的正式交火，是在阿富汗赫爾曼德省（Helmand）皇家海軍陸戰隊執行任務期間。他在海軍陸戰隊只待了兩年，年僅二十七歲。在皇家工兵部隊服役八年之後，他已經走上了領導的道路。

但這並不容易。有一次，他帶領一群人執行追捕塔利班指揮官的任務。「我跑到門口，站好位置，隊友們在我身後站成一排。AK47的子彈（可能不只一把槍）開始飛出門外。」[6]米德爾頓的任務是子彈一停就衝進去。

那麼，接下來發生了什麼事？

A 米德爾頓是第一個進去的人，他迅速有效地殲滅了敵人，正如他受過的訓練教他的那樣。

B 他衝過門口，但任務並不像他希望的那樣成功，因為敵人的戰鬥員迅速逃跑了。

C 米德爾頓僵住了，發現自己連門都進不去了。他必須得到一位同僚的支持。

你覺得呢？答案可能會讓你大吃一驚。

一、克里斯．霍伊

正確答案：C

霍伊表現不佳，只獲得令人失望的第四名，遠遠落後金牌得主。霍伊說：「我覺得自己是隻小貓，但一直在努力假裝自己是獅子。我沒有仔細思考為什麼尼姆克跑得這麼快，我慌了，放棄了我的策略，我的狀態很快就變了。我改變計畫，出發時太快了，導致我在最後搞砸了。」

霍伊說這個經歷是「巨大的心理打擊」。他在高效能 Podcast 裡告訴我們，各式各樣的懷疑開始出現：「我懷疑自己是否已經到達頂峰。我想知道我是否已經是最好的我了。」

二、凱莉．霍姆斯

正確答案：C

霍姆斯在一場緩慢的比賽中排名第二。

她後來回憶說：「決賽那天，發生了一件很奇怪的事。從我醒來的那一刻起，滿腦子想的都是比賽，就是沒辦法把它拋諸腦後。」她解釋說，通常她有辦法把比賽拋諸腦後，以免引發不必要的焦慮。但那一次，狀況不太一樣。「我早上七點醒來時，發現自己在想：『再十個半小時就結束了。』比賽這件事在我腦子裡一遍又一遍地盤旋，緊張耗掉我太多的精力。」

在最後一個彎道前，博爾梅卡一直都在第二名，後來她在終點前衝出去，得了第一。霍姆斯回憶說：「我的反應有點晚了，沒能完全跟上她。在比賽的最後幾秒鐘，我的腿幾乎不聽使喚，而她衝向終點獲得勝利，證明了她是我們兩人之中比較強壯的一個。」[7]

三、安東尼・米德爾頓

正確答案：C

米德爾頓愣住了，無法執行他的團隊的計畫。「我到底怎麼了？我的腿就像水泥一樣，」他後來寫道。「我簡直被恐懼嚇呆了。」

米德爾頓是在一位隊友的勸說下才離開的。米德爾頓回憶說，當他驚恐地站在那裡時，「我身後的隊友湊到我身邊，捏了捏我的肩膀，好像在說，『別擔心，安東尼。當你穿過那扇門，我就在你身邊。』」[8]米德爾頓在朋友的介入下才，發現自己能夠行動了。

三個精英，三個測試情境，三種掙扎。它提醒我們，即使是我們這一代的傑出成功人士，也會像我們一樣失去冷靜。

區分高效能者的，是他們對掙扎時刻的反應。正如我們在第一課中看到的，發生在我們身上的事情不是我們的錯，但如何有效應對是我們的責任。我們的三個高效能者都從失敗中恢復過來，並繼續努力，不再重蹈覆轍。

在每種情況下，反應都涉及到試圖控制自己的情緒。我們都希望自己的日子充滿有益的、有成效的思想和感受，少一點讓我們想要逃跑、哭泣或質疑自己的時刻。但實際上，每個人的生活都充滿了無數的起起伏伏，如果我們不能有效地應對這種動盪，就會陷入困境。

因此，在本章中，我們將學習情緒是如何絆倒我們的，以及高效能者如何學會控制情緒。這不是要忽視或掩蓋你的感受，而是關於針對我們都熟悉的有害情緒——恐懼、焦慮、憤怒——培養出一種建設性的反應。

在高效能Podcast中，我們問霍姆斯，她的身體技能和心理技能相比，重要性的比例是多少。她立刻回答：二〇／八〇。她說：「在二〇〇四年奧運會八百公尺決賽中，前四名選手的差距是〇．二秒。我們的能力大致相當，我們都能跑得很快，我們都和其他人差不多強壯、堅韌。因此，八〇％的勝利在於心態。不同之處在於一些人對焦慮和壓力的反應。我上了很多關於腎上腺素和控制神經的課。」

「**你需要腎上腺素為比賽做準備，但如果腎上腺素太多，就會迷失。**一九九五年的時候，我還沒有學會控制自己的神經。二〇〇四年我贏得金牌的時候，已經會了。」

你的動物腦

當我們在壓力下動彈不得，或感到太過焦慮導致表現不佳時，我們的大腦裡發生了什麼事？要知道，你必須了解你的大腦。[9]

關於大腦最基本的事實，是它也可能造成傷害。它由一千億個細胞組成，每個細胞與多達一萬個其他細胞相連。這加起來有一千萬億個連結（也就是1,000,000,000,000,000個連結），支撐著我們所做的一切。[10]諾貝爾獎得主、生物學家詹姆斯．華生（James Watson）曾將人的大腦描述為「我們在宇宙中發現最複雜的東西」。[11]

在過去的幾百萬年裡，這塊組織已經進化到可以保護你免受麻煩的程度。當你眼前的狀況出現問題時，它會大吵大鬧地警告你（或至少是它認為你快要遇到麻煩時）。問題是，大部分的恐懼是不必要的。事實上，如果你生活在一個相對安全的環境中，它對你可能完全沒有幫助。

為了理解原因，我們要帶你對大腦進行一次短暫的參觀。如果你還記得學校的生物，你可能會記得大腦最初的解釋是「三重腦」（Triune）模型。和許多神經學模型一樣，它比較像是比喻的作用，而非準確描述大腦如何運作，但這模型已經夠好了。該理論由保羅．麥克萊恩（Paul MacLean）於一九六〇年代時提出，它將大腦分為三個核心部分（三種腦合為一體，如果你想要這麼想），反映出人類的進化。[12]

根據腦外科醫生安德魯．柯倫（Adrew Curran）的說法，要理解三重腦模型最好的方法是用你的雙手。一隻手緊握拳頭，另一隻手握住它，然後雙手放在面前。你雙手的這種排列方式粗略地（非常粗略地）代表了你的大腦。[13]

首先，讓我們把注意力集中在腦幹上（由下面那隻手的手腕代表），它在你的脊椎（你的下臂）的頂部。腦幹是大腦中最早演化出來的部分，負責心跳和呼吸等無意識功能。在這裡，我們更關心的是腦幹的另一個功能：戰鬥、逃跑、群居、僵持和，呃，性。每一樣都與我們的生存息息相關。當我們感到威脅時，大腦會給我們三種選擇：躲藏、面對危險或逃跑。霍伊、霍姆斯和米德爾頓分享的恐慌例子，揭示了那些時刻是他們的腦幹在控制全局。

大腦的第二個演化的部分是那個握緊的拳頭，或者給它一個真正的名字——小腦。你可以把它看作是腦幹的下一個層次：它處理根深柢固的情緒反應，只不過不像腦幹那樣無意識。它只會對你的衝動和本能做出反應，這些都是你最基本的情緒。如果這個系統控制著局面，你會對你面對的任何事情衝動地做出反應，而不考慮那些行為的長期後果。你可能會偷很多你喜歡的東西，殺了你不喜歡的人。

最後，在上面的那隻手——大腦。與其他動物相比，人類的大腦異常巨大。它是最後演化出來的，如果你想像一個大腦，又粘又皺，所有那些彎彎曲曲的線條都是由大腦構成的。那些是褶皺：當我們的新大腦皮層變大時，演化把一個大的表面積壓縮到一個小的空間裡。結果就是那些灰色的波浪。

你的大腦新皮質負責所有的自主運動，並解釋進入大腦的資訊，還有所有的「高級」功能：說話、推理、學習和抽象思考。大腦新皮質驅動我們行為中更人性化的元素，它讓我們擁有社會意識，讓我們想要與他人合作並幫助他人。它也會應用邏輯。大腦新皮質使你能夠思考自己的思考過程（即所謂的「後設認知」），就像你在讀這篇文章時一樣。

如果我們想了解我們在高度壓力下是如何反應的，就要了解大腦這三個部分的相互作用方式。你的無意識的原始大腦和有意識的理性大腦相互爭論。經常如此。人類一直有意識到存在於這些功能之間的緊張關係。古希臘哲學家柏拉圖說，在我們的頭腦中，我們有一個理性的馭夫，他必須控制一匹不守規矩的馬，牠「幾乎不屈服於馬鞭的刺激」。[14] 就我們的目的而言，重要的是它們會把我們拉向不同的方向：腦幹告訴我們要僵住不動還是逃跑，小腦驅動我們的直覺和情緒反應，而我們的新皮質層拚命請求我們保持冷靜、理性思考。

精神病學家史蒂夫．彼得斯（Steve Peters）的心理學建議，幫助英國自行車運動成為一個無與倫比的獎牌工廠，他在 TEDx 上發表過一篇很有用的演講，解釋了如何實現這個方法。彼得斯幫助霍伊在壓力下保持冷靜。在他的演講中，他解釋大腦內部的活動，尤其是在有壓力的情況下。在對一群學生講話時，他舉了一個學生可能會覺得有連結的例子：一個女學生無意中聽到同學在背後談論她，她大腦的不同部位會有什麼反應？

杏仁核：殺了她！

眼窩前額皮質：等等，先別殺她。我們得有社會意識。我們迂迴一點做，怎麼樣？

背外側前額葉皮質：我對情緒不感興，只要給我事實和證據……

腹內側前額葉皮質：我不知道為什麼我們都在「我，我，我」。那另一個人呢？讓我們帶著同理心和同情心來思考。[15]

彼得斯說，「這些大腦部位在相互爭鬥，其中必須有一個控制住自己。」[16]

總的來說，你的大腦就像一個繁忙的辦公室：包括愛炫耀和誇大的霸凌者（杏仁核），低著頭安靜的工作者（腹內側前額葉皮質），辦公室科技怪咖（背外側前額葉皮質），以及維護和保護辦公室科技怪咖的人（眼窩前額葉皮質）。這就像一場巨大而持久的拔河遊戲。數百萬年的進化表示你大腦的不同部分在不斷地爭奪注意力，有時甚至會讓你偏離軌道。

紅色大腦，藍色大腦

幸運的是，控制我們嘈雜的大腦是有可能的。我們的高效能者們：斯圖加特的霍伊、哥德堡的霍姆斯、赫爾曼德的米德爾頓，都沒有被他們的情緒削弱太久。事實上，他們都取得了偉大的成就。

這個過程的第一步是建立一個簡單的模型，來理解我們腦子裡發生了什麼事。在壓力很大的時候，太過仔細思考大腦的內部運作並不是很有用。我們訪問的高效能者中，沒有一個人是透過對自己說「我的鉤束（uncinate fasciculus，編按：一種大腦內的白質纖維束）又來了」來解決情緒問題的。

相對地，我們遇到的大多數高效能人士，都發展出一種簡潔的速記方式，來理解他們的想法。前英格蘭橄欖球教練克萊夫·伍德沃德（Clive Woodward）提到了T-CUP模式（在壓力下正確思考）。[17] 獲獎的社交媒體企業家史蒂文·巴特利特（Steven Bartlett）採用了諾貝爾經濟學獎得主丹尼爾·康納曼（Daniel Kahneman）的快思慢想框架：快速、情緒化的「系統1」思維，和緩慢、理性的「系統2」思維。[18] 有些人，比如霍伊，就使用了彼得斯採用的，區分衝動的「黑猩猩大腦」和理性的「人類大腦」的方法。[19]

但我們最喜歡的是紐西蘭橄欖球隊在與世界著名的精神病學家塞里·埃文斯（Ceri Evans）合作後採用的區分法。他將我們大腦中情緒化、衝動的部分稱為「紅色大腦」，將有意識、理性的部分稱為「藍色大腦」。[20]

我們的情緒紅色大腦影響力比較大。不過正如霍伊所說：「**你的情緒無所謂好或壞，它做到了基本的功能，但也很強大，而且容易引起恐慌。**」事實上，霍伊說，它比我們的理性腦強五倍。霍伊總結道：「我學會尊重它。我們不必為它的本質負責，但確實有管理它的責任。正如我在斯圖加特發現的，當你任由情緒主導時，可能會導致糟糕的決策。」

另一方面，你的藍色大腦是真正能思考的部分。它由事實和邏輯驅動，同時也在意同情心、誠實和自制。它帶著意識行動，尋找生活的目標，為成就感而工作。

許多高效能者得出結論，在壓力下表現良好的唯一方法，是讓你的紅色大腦處於藍色大腦的控制之下。這並不容易。在過去的二十年裡，神經科學和認知心理學的研究表明，紅色大腦被賦予了操縱生化過程的能力，透過多巴胺、血清素、催產素、乙醯膽鹼和正腎上腺素等神經傳導物質。這些神經傳導物質充斥著你的系統。他們霸凌你的藍色大腦，引起你的注意，迫使你採取行動。

控制情緒的第二步，是學會發現你的紅色大腦何時變得太過主導。有一個簡單的方法，就是問問自己：「如果我從外部看這件事，我會認為這種反應有幫助嗎？」當紅色大腦讓身體充滿引發焦慮的化學物質時，你就很難客觀地看待事物。這個問題可以讓你跳出自我，評估你的反應是否有建設性。如果答案是否定的，你的紅色大腦可能造成太多影響了。但不要擔心：注意到紅色大腦在什麼時候掌控狀況，這個行為本身就是降低它能力的有效步驟。

這就帶出了控制住大腦的第三步。我們得提醒自己，我們應該傾聽的是藍色大腦。為此，我們需要培養一種洞察力，以確保自己不會經常陷入一種「戰鬥或僵持」的、容易恐慌的感覺。

理查・拉薩魯斯（Richard Lazarus）是研究思想如何影響情緒方面，最有影響力的心理學家之一，他認為這種觀點是在壓力下保持冷靜的關鍵。當我們覺得缺乏應對的資源時，紅色大腦會感到最脆弱。但在很多情況下，我們確實有資源來應對——只需要提醒自己就好。[21]

無論何時你面對一項任務，在潛意識層面上，你都在努力應對三大因素。假設你正在申請一份工作，但你不確定自己是否有機會獲得這份工作，不確定自己是否做好了升遷的準備，甚至不確定自己是否有能力寫一份申請書。練習時，你需要思考以下幾點。

- **要求：**這份工作對我的要求是什麼？有多難？
- **能力：**我真的有能力勝任這份工作嗎？它與我擅長（和不擅長）的事情有什麼關係？
- **後果：**真正的風險是什麼？得到（或得不到）這份工作對我的餘生有什麼意義？

當要求低、我們的能力高、後果不太嚴重時，我們最有可能保持冷靜。但是，很多情況都不符合這些標準。結果是痛苦、焦慮和不願冒險。

然而，如果我們能對每個領域都帶著洞察力，並且更理性地思考這些要求、我們的能力和後果，那麼我們就能控制紅色大腦。我們的高效能者在每個領域中都有實用的建議。

對你的要求是什麼？

當我們感到受困、壓力大時，對真正的要求有更清晰的認識，可以防止我們感到難以承受。關鍵在於後退一步，思考任務真正涉及的是什麼。我們可以學會理性思考，而不是情緒化地思考我們面對的事情。與其讓環境控制我們，不如自己控制自己。

但怎麼做呢？霍伊提出了一個有用的建議。在二〇〇四年雅典奧運獲得個人首金的三週前，也就是在斯圖加特令人失望的表現一年後，彼得斯請霍伊過去和他談談。霍伊在高效能Podcast上告訴我們：「彼得斯一開始很溫和，問我現在狀況如何。我說：『噢，很順利，我沒有受傷，狀態很好。我重新獲得了世界排名，將以頭號種子的身分在三週後的奧運比賽。』我真的高興得要命。」

彼得斯用一個問題回答：「我想提出一個設想情境：如果有人在你還沒上場之前打破世界紀錄，會怎麼樣？」霍伊很驚訝。「我告訴彼得斯我沒想過這個問題。他說：『你應該想像一下，這樣它就不會壓倒你。』起初，我回答說：『那我就不要去想它。』他說：『不要想粉紅色大象。』第一樣浮現我腦海中的東西是什麼？粉紅色大象！我想，好吧，他已經引起了我的注意。」

「那我該怎麼辦呢？」霍伊問道。「嗯，你不可能不去想一些事情，」彼得斯回答，「但你在任何時候都只會想著一件事，如果你說『別去想什麼』，你就會被它吸引。所以，你必須積極選擇你想要思考的東西。這樣就會取代其他想法。」

這個見解詳細說明了處理繁重任務的最有效方法。想想你需要做什麼，並在腦海中設想你將如何應對。在這個過程中，你會對任務的內容有清晰的認識。霍伊解釋說：「**你可以控制動力週期，而不是讓動力壓倒你。**」

霍伊向我們描述接下來的三個星期裡，他如何有意識地開始設想這次奧運對他的要求：

每當我對任何事感到焦慮或有壓力時，不只是騎自行車，我就會從自己的角度想像完美的表現。大概只需要一分鐘。我第一次嘗試是在我的房間裡。我上網看到一個對手在訓練中發布了一些精彩的成績。我想：「噢，天哪，他表現得真不錯。他將在三個星期後一飛沖天。然後我想起來：「不要有這種負面想法。閉上眼睛，想像我自己的比賽。」過了一分鐘，我感覺好多了，就繼續前進。

隨著比賽越來越靠近，這個技巧變得更加有用：「隨著比賽接近，壓力開始增加，我越來越常這樣做。比賽當晚，我的壓力太大了，我幾乎一直在重複想像自己的比賽。」[22]

理查．摩爾（Richard Moore）的著作《反派、英雄和賽車場》（*Villains, Heroes and Velodromes*，暫譯）以緊張刺激的強度描述了比賽的最後時刻。[23] 當五名自行車手在奧運決賽中爭奪金牌時，他捕捉到六千人的賽車場地中那種狂熱的氣氛。霍伊是最後一個上場的，在場邊緊張地看著其他騎手。

首先，澳洲的凱利（Kelly）。他在賽道上奔馳，衝過終點線，創造了新的奧運紀錄。過去的霍伊可能會驚慌失措，但新的霍伊沒有。他只是去想像迫切需要他做的事情：我坐在座椅上，深呼吸，身體前傾，抓緊把手，向後拉，向前衝。

尼姆克是下一個。這次是私人恩怨：就在一年前的世界自行車錦標賽上，尼姆克打擊了霍伊的信心。這一次，霍伊不會讓他這麼做。尼姆克在賽道上馳騁，打破了凱利不久前創造的紀錄，但霍伊只沉浸在自己的世界裡。我坐在座椅上，深呼吸，身體前傾，抓緊把手，向後拉，向前衝。

荷蘭的博斯（Bos）開頭就不太好，後來也沒有恢復任何動能。他的時間不會改變最終的獎牌榜名次。但對霍伊來說，這無關緊要。我坐在座椅上，深呼吸，身體前傾，抓緊把手，向後拉，向前衝。

接下來是阿諾·圖爾南（Arnaud Tournant），他可能是世界上有史以來最好的一公里競速自行車手。他一開始就表現出純粹的、肆無忌憚的攻擊性，衝下賽道，粗壯的雙腿猛蹬踏板，形成令人眼花撩亂的模糊感。當他衝過終點線時，賽車場內的反應是一片目瞪口呆。他創造了歷史上第一個一公里低於六十一秒的成績，同時也創造了新的奧運和世界紀錄。

但霍伊沒有看到。他忙著做準備，提醒自己需要做什麼。

然後，突然，輪到他了。霍伊坐在座椅上，深深地吸了一口氣，身體前傾，握住把手，然後向前衝。

一分〇・七一一秒後，比賽結束。霍伊創造了一項新的世界紀錄。之後，觀眾欣喜若狂地歡呼起來，霍伊則在茫然中繼續繞著跑道騎。他後來說：「我一下子難以接受，我花了好幾個小時想像這場比賽，結果它就跟我在腦中演練過的一模一樣，我以為這不是真的。」[24]

但他學到了很有力量的一課。當一項任務讓你覺得太吃力的時候，試著在腦海中記住你真正需要做的是什麼。在那一刻，曾經看似不可能的事情變成了現實。

高效能維修站 *High Performance Pit Stop*

想像一下

傑克

在一生當中總有那麼幾次，我們就是知道自己必須邁出一大步。

對我來說，其中一次發生在二〇一〇年，當時我冒著生命中最大的風險，創立了我的第一家公司。成立這家公司的想法，源於我為ＢＢＣ報導Ｆ１賽車時的觀察。幾乎每一場比賽中，不同的車隊贊助商都會向我們展示他們拍攝的內容。其實他們都有很好的車手、漂亮的車子和令人讚歎的地點。但幾乎每一次，內容都是垃圾：糟糕的拍攝，沒有像樣的敘事，糟糕的音效。每個影片都代表著一個被浪費掉的機會。

所以，我和我聰明的同事蘇尼爾（Sunil）親自解決了這個問題。我們認為，讓內容變得更好的唯一方法，就是自己創造它。於是我們創立了自己的公司Whisper，就是為了做這件事。

創業的風險很大，我拿我的名譽（和金錢）在冒險。對蘇尼爾來說，風險還更高：他要放棄在BBC的穩定工作，去創立公司。再加上我們沒有辦公室，沒有經驗，沒有基礎設施，沒有員工——而且，從商業的角度來看，我們完全不知道自己在做什麼。不出所料，這是一段壓力極大的時期。公司剛成立的幾個星期，每天都是一團混亂，每個晚上都失眠。有人會認真看待我們嗎？我們會拿到任何合約嗎？能賺到足夠的錢付帳單嗎？更不用說蘇尼爾的薪水了。

我們是怎麼熬過來的？這件事發生在我為高效能Podcast採訪霍伊之前的幾年。然而，很大一部分的答案，與他在錄音室裡描述的方法相似。每一天，我們學著專注於被要求做的具體事項：宣傳推銷、尋找新的合作夥伴、製作影片。透過想像這些小事情，我學會停止對大事的恐慌。

隨著時間推移，我們冷靜的頭腦得到了回報。我們的第一次大成功，是當威廉斯

（Williams）F1團隊自己邁出一步，委託Whisper製作一些內容時。我永遠不會忘記離開他們的工廠後，遇到第一個路邊臨時停車處時，我們把車停下來，然後下車，就在路邊高興地跳起了舞。我們發現我們可能真的需要一間辦公室，接著立即擴大了規模，決定在兩個獨立的總部開展業務：蘇尼爾的閣樓和我的備用臥室。

如今，Whisper是歐洲發展最快的製作公司之一，在世界各地設有辦事處，超過一百五十名員工，營業額達數千萬英鎊。但每當事情變得太有壓力時，我就會回想起我早年學到的方法：想像你真正需要做的事情，然後把其他的都刪掉。

你的能力是什麼？

二十歲那一年，迪娜・阿舍爾-史密斯（Dina Asher-Smith）已經是英國最傑出的女子短跑運動員。她的紀錄前所未有：二〇一五年，十九歲的她創造了英國一百公尺和兩百公尺的新紀錄，四年之後，又打破了這兩項紀錄。但事情並非總是很輕鬆，阿舍爾-史密斯曾公開表示，在她職業生涯的早期，對失敗的恐懼如何削弱了她的表現。

在二〇一九年世界田徑錦標賽期間，她的內在交戰變得尤其明顯。她是贏得兩百公尺金牌的最熱門人選，那樣的壓力讓她幾乎無法招架。她告訴我們：「在準決賽中，我起跑的表現很糟糕，我就像隻蝸牛。」糟糕的開頭引發了那種再熟悉不過的恐慌感。

幸好，阿舍爾-史密斯知道該找誰談。她向教練約翰．布萊基（John Blackie）求助，他是她的整個職業生涯中一直指導她的人。阿舍爾-史密斯告訴我們：「他就像我的第二個爸爸，他的智慧和耐心幫助我們度過難關。他很了解我，也理解我的心情。他從我八歲起就認識我了，在我今天成為這樣的女性的過程中，他扮演著非常重要的角色。那時我非常需要他。」

果然，布萊基給了她一個建議。如果我們想要掌控自己的情緒，他的觀點與我們需要處理的第二點有關：提醒自己我們的能力。

阿舍爾-史密斯告訴我們，他們的對話是如何展開的。「我當時非常恐慌，因為那是我職業生涯的焦點，我在想，準決賽的布局往往決定了決賽的走向。」

「起跑不太好。」阿舍爾-史密斯說。布萊基也認同她的表現不如以往。阿舍爾-史密斯像機關槍一樣射出一堆問題：那麼，我們該怎麼辦？我們要分段練習嗎？下一場比賽前我們能準備好嗎？

布萊基依然沒流露出一點擔憂，他的聲音平靜又平穩：「下次你就出去，像往常一樣起跑。這就是你要做的一切。去那裡，做你以前做過成千上萬次的正常起跑。」阿舍爾-史密斯告訴我們：「立即見效。這是一個非常強大的工具。**他提醒我，贏得比賽所需要的東西，我已經擁有**

了。」

「我需要的東西，我已經擁有了」：這些簡單的單詞，暗示著我們可以用來讓藍色大腦恢復控制的第二個強大工具。當我們被一項任務壓得喘不過氣來時，就很容易忘記自己的能力。我們認為自己不具備克服問題的能力。在很多情況下，這是因為我們忘記了自己到底具備哪些技能。

「在那些重要時刻，很多人都會覺得他們必須超越自己，表現到最好才能獲勝。但從心理上來說，這並不是最好的方式。」阿舍爾-史密斯告訴我們：「你沒有任何證據可以做為依據。布萊基知道我只是需要被提醒，要對自己的能力多一點信心。他傳達簡單的訊息：走出去，做你平時在做的事，一切都會好起來的——這訊息非常完美。」

第二天晚上，阿舍爾-史密斯完成了運動員傑作。當她快速繞過最後一個彎道，直接衝向終點時，觀眾們開始歡呼——他們知道自己可能正在見證體育史的一刻。她以二一．八八秒的成績衝過終點線，拿下了金牌。

即使我們不是金牌運動員，也可以在自己的生活中使用阿舍爾-史密斯的技巧。每個人都有技能，但在恐慌時就會特別容易忘記它們。克服這個問題的一個方法，是開始積極地分類你的能力：你擅長什麼？你有什麼技能？

你可以把這種方法想像成一個信心銀行帳戶。[25]每次你有成就時，試著回想一下你如何實現的：你當時的感覺如何，你當時在想什麼，你當時的行為如何。尤其要把注意力集中在你需要的技能上，並試著把它們用文字表達出來。積極意識到那些讓你走到今天的特質，就像存錢到銀行帳戶裡一樣。你越常這麼做，就會越平衡穩定。

就像阿舍爾-史密斯發現的那樣，當你的信心拋棄你的時候，這方法尤其有效。因為她提醒自己她有能力，所以撐過來了。她說：「我和布萊基的關係中最重要的一點是，我心裡非常清楚，他不會讓我做任何我辦不到的事，或讓我處於我沒有能力處理的境地。他總是對我說這樣的話：『如果我說你能做到，那就表示我知道你有能力做到。』這大大增強了我的信心。」

如果我們建立起一個全面的資料庫，記下我們的能力、成就和優勢，就能在壓力之下快速做出判斷，而不是浪費力氣在糾結是哪裡出了問題。當我們迷失方向的時候，用以前的成功幫助我們重新找到方向。它提醒我們下一步要做什麼，讓我們確信我們擁有成功所需的一切。

真正的風險是什麼？

強尼．偉基臣（Jonny Wilkinson）贏得過一次橄欖球世界盃，四次六國錦標賽，兩次歐洲橄欖球冠軍盃。他在測試中的得分比任何英國人都多。他的名字永遠是二〇〇三年那一刻的代名詞——當時他的左腳決定了英格蘭贏得橄欖球世界盃，還是空手而歸。

但這過程並不容易。「我一直飽受焦慮之苦。」他坐下來接受高效能節目訪問時對我們說。在 Podcast 節目上，偉基臣開始優雅而沉著地支配談話內容，就像他在橄欖球場上一樣。只是他不想談論球場上的時刻，他想帶我們踏上他的自我發現之旅，挑戰我們去思考追逐高效能的代價。

偉基臣告訴我們，當他成為職業選手時，他和橄欖球的關係已經變得不健康了。他說，從很小的時候起，他就有一種「活著的宿命感」。他的解決辦法是成為一個完美主義者：「我創造了這樣一個想法：做到完美就是我的可取之處。結果，我不幸地對競技體育產生了荒謬的熱情。所以現在我要進入競技體育圈，而且必須完美。」

這種追求完美的欲望會造成極大的心理負擔。他告訴我們：「在比賽前和比賽後，我都有一種極度的恐懼，害怕我即將經歷的事或已經經歷過的事會定義我這個人。」而且，隨著職業生涯的發展，這種壓力只是越來越大：「瘋狂的是，不管我經歷了什麼事，沒踢到多少球，下一場比賽都有機會讓我擺脫這種感覺……所以我只能在下一場比賽中給自己越來越大的壓力。」

結果是，他很少能享受自己正在做的事情，就算在他事業的顛峰時期也是如此。他告訴我們二〇〇三年贏得世界盃的感覺：

你覺得這很神奇。那一刻的無限和狂喜。難以置信。但在三、四秒內，它就開始下降。它沒有持久性。然後兩個月後，你就有大麻煩了，因為現在你已經在山腳下回頭看你的輝煌歲月。

隨著偉基臣職業的發展，他與心理健康的奮戰變得更加極端。他回憶說，心理和身體的壓力「都越來越大，最終爆發了」。

不用說，這種壓力對偉基臣的表現產生了負面影響。「我第一次受重傷的時候，並沒有停下來思考我為什麼會受傷，我唯一能想到的就是，我必須回到原來的狀態。」他回憶道：「我沒有留下任何空間給自由、解放或治癒。所以我又受傷了。噢，現在更糟了。我只想著每一場比賽，盛大的回歸——我必須回到我原來的位置，而不是探索我可以成為什麼樣的人。」就這樣，偉基臣連續十四次受傷，直到他「終於開始注意」。

偉基臣的故事揭示了一些重要見解，關於對成敗過分癡迷的風險。人們太容易對後果產生誇大的感覺。對偉基臣來說，表現出最高水準代表了他的全世界，如果不能實現他的雄心壯志，後果就是毀滅。

更糟糕的是，你越是試著停止關注負面後果，它們似乎就變得越重要。憂慮和焦慮是大腦專注於可能就在我們面前的麻煩，我們的注意力被拖到未來。後悔也屬於同樣的狀況，只是在這種情況下，我們的思緒被困在過去的煩惱中。**當我們的注意力被往前拉向未來，或往後拉向**

過去時，我們就失去了真正重要的東西——現在。

問題的關鍵在於無法接受一個特定的結果：輸、犯錯，或像偉基臣那樣，未能達到完美。我們的紅色大腦只是在做它的工作，不讓我們忽視威脅。但通常，這些威脅並不像我們想像的那麼嚴重。當我們處在壓力中時，總會對最糟糕的情況有種過度誇張的感覺。

然而，解決方案就在眼前。我們可以清楚地判斷哪些後果很重要，更重要的是，哪些並不重要。在他職業生涯的最後階段，偉基臣終於做到了。他告訴我們：「我學會了放手，我放棄了過去那些關於我是誰、我必須做什麼、我應該取得什麼成就的想法。」他學會理性地回答這個問題：到底有多少風險？

我們都可以從偉基臣的例子中學習到一件事。雖然為自己設定樂觀的目標很有用，但我們對目標的執著程度至關重要。如果不能接受理想之外的任何東西，就是在讓自己陷入擔憂的海嘯中。

有一個技巧是強調「你是誰」和「你取得的成就」是不一樣的。我們越是認為成功與否代表我們是誰，那當事情沒有按照我們的意願發展時，我們所面臨的風險就越大，自我意識也越危險。我們不再認為自己是有時成功、有時失敗的人，而是一個成功者或失敗者。正如偉基臣所說，「如果我選擇成為世界盃冠軍，因為我曾經贏得過世界盃，它就會成為我的下一個限制。如果我做這件事，就表示我就是這樣的人。如果我做那件事，就表示我是那樣的人。」

然而，我們可以發展一種更合理的方法來看待我們的成就，一種將生活結果與自我意識分離的方法。偉基臣努力使自己的身分與成就脫鉤，這讓他能夠更平衡地判斷風險到底是什麼，即使是在壓力最大的時刻。

即使是現在，他在為自己曾經參加過的橄欖球比賽擔任球評時，也會試著用不同的觀點去看。他說：「我們的重點應該是從自己的表現中學習，而不是一概而論。」他告訴我們，他已經學會不再執著於那些光榮的獎盃，他笑著說，如今他從洗碗中獲得的快樂和從贏得世界盃中獲得的一樣多。

這並不代表我們對勝利不再認真。我們仍然可以追求高水準的表現，但我們必須明白，勝利並不是全部。偉基臣說：「這種方法並不是說你就停止訓練，不盡一切努力去爭取勝利。意思正好相反。你探索你的訓練。你探索你的休息。你探索你的身體。你探索自己的存在。**你探索一切。如果你正在探索，你就會發現一些新的東西。**」

但在這個過程中，你會發現風險並沒有你想像的那麼高。你是誰和你取得的成就是不一樣的。這趟旅程更加重要。正如偉基臣告訴我們的：「如果你用這一生來成長和探索，這似乎是一段合理的旅程。而如果你探索內心世界，那這絕對是一段很棒的旅程。」

DAC攻擊

到目前為止，你應該有了一個由三部分組成的框架來理解紅色大腦。當你開始恐慌時，是由於三種力量的相互作用。要求（Demand）：你覺得眼前的任務是不可能完成的。能力（Ability）：尤其是那種覺得自己的能力不足的感覺。以及後果（Consequences）：通常，是一種對危機的誇張解讀。要求、能力、後果，簡稱為DAC。

幸好，我們可以運用一些思考方法來解決這些問題。目標是減少你對需求的感覺，增加你對自己能力的信心，平衡你對後果的看法。這個練習將幫助你做到這一點。

想一個讓你焦慮的問題，然後畫出下面的表格。上方是讓紅色大腦失控的三個因素，下方是你可以問自己的關鍵問題，來讓藍色大腦重新掌控大局。

問題	**解決方法**
要求	他人真正要求你做的是什麼？ 你可以把它拆解成較簡單的步驟嗎？
能力	你有什麼可以幫上忙的能力？ 你以前克服過哪些需要類似技巧的問題？

後果	真正的風險是什麼？ 一年後，這問題還會有多重要？ 你是否誇大了它的重要性？

填寫右邊的欄位，每個問題用一到兩句話作答。這練習的目的不是低估你的問題（有些答案可能會讓人有點不安）。但它應該能讓你更清楚知道自己腦中到底在想什麼。這是一種快速讓你的藍色大腦回到駕駛座上的方法。

通往內心平靜的漫長之路

正如同霍伊在斯圖加特時，霍姆斯在哥德堡時，米德爾頓在赫爾曼德省時。即使是世界上表現最好的人也會有恐慌的時候，甚至是危機時刻。

然而，這所有的高效能者都有一個共同之處。他們發展出一種機制，可以讓他們的紅色大腦先退下，並利用它們保持控制。

如果這些高效能者都能控制住他們的紅色大腦，你也可以。但這並不容易。這個過程的核心是紀律：知道當你感到壓力上升時，你的紅色大腦在想什麼，並積極練習保持冷靜的頭腦。

想讓這一章的練習變得順手的方法，就是反反覆練習。

但是，正如我們的高效能者所展示的那樣，說到成為最好的自己時，你有一輩子的時間。畢竟，在哥德堡決定命運之日的九年後，霍姆斯在雅典奧運上得了金牌。在那次災難性的世界自行車錦標賽的將近十年後，霍伊在二〇一二年倫敦奧運上鞏固了他身為英國歷史上最偉大的奧運選手之一的聲譽。米德爾頓第一次登上聖母峰，是在他第一次訪問赫爾曼德省的十一年後。

如果要從這一章中挑出一個教訓，那就是：通往高效能的道路很漫長。你不需要馬上抵達，而且即使你失敗了，未來也有機會成功。

控制紅色大腦不是一天就能做到的事。它包括重塑你對成功和失敗、能力和弱點的看法。但是，隨著時間累積，這是我們都可以學會的東西。

課程摘要

- 控制我們的情緒是高效能的關鍵因素。目標不是壓抑我們的情緒，而是用清醒的頭腦來應對它們。
- 人類的大腦容易恐慌，但並不需要如此。我們可以預防情緒化的「紅色大腦」壓過理性的「藍色大腦」。
- 但怎麼做呢？當一種情況讓你難以招架時，先弄清楚你真正需要做的是什麼。深吸一口氣，然後問自己：這真的和我想像的一樣難嗎？
- 第二，提醒自己你的能力。你有什麼技能可以解決這個問題？它們以前是怎麼派上用場的？
- 第三，反思風險是什麼——後果。這到底有多重要？最壞的情況有你想的那麼糟嗎？
- 這些方法需要練習，但不要失去希望。通往內心平靜的道路是漫長的，但隨著時間推移，你會到達終點。

第2部

高效能行為

不要糾結於你不擅長的事情，
重要的是你擅長什麼。

第4課

發揮長處

這是一個很多家長都很熟悉的情況。想像一下，你的孩子拿著成績單回家，上面列出的成績是這樣：

英語：A
社會學：A
生物：C
代數：F
數學：C
法語：B

哪一個成績能立刻吸引你的注意？

蓋洛普民意調查公司曾經調查過這個問題。[1]研究人員想知道有多少父母會比較關注孩子的最好成績，而不是最差成績。研究人員感興趣的是，當我們同時看見好的和壞的資訊時，會傾向於樂觀還是悲觀。結果相當驚人，這項在多個國家和文化背景下進行的調查發現，每個國家的大多數父母都立即把注意力集中在Ｆ上。

國家	注意A	注意F
英國	22%	52%
日本	18%	43%
中國	8%	56%
法國	7%	87%
美國	7%	77%
加拿大	6%	83%

道理很簡單：人們傾向關注負面的東西。在一項研究中，一組心理學家回顧人們對兩百多篇報紙文章的反應，得出一個普遍的原則：壞消息比好消息更能吸引和留住我們的注意力。[2]這應該不會令人太意外，在媒體界，「好消息」和「壞消息」的含義，與現實世界中幾乎完全相反。對記者來說，所謂「好消息日」充滿了混亂、謀殺和惡作劇，「壞消息日」就是沒有什麼特別

的事情發生。

從前面一章中，你可能已經猜到，這些悲觀的本能是由我們的紅色大腦來驅動的，對可能的威脅始終保持警惕，即使在不必要的時候也會發出警報。紅色大腦讓我們專注於問題而不是機會。

但高效能者知道，這是一種有缺陷的生活方式。如果你想成為最好的自己，就得從相反的地方開始。不要糾結於你不擅長的事情。重要的是你擅長什麼，找到它，然後努力去做。

這正是本章要教你的，我們會提供一套工具，幫助你找出自己的長處，並使它們成為你生活的中心。在這個過程中，我們將把你從高效能的第一站——高效能者的思考方式，帶到第二站：高效能者的行為。

多元智能

霍華德．加德納（Howard Gardner）是發展心理學的先驅，他一生都熱衷於一個問題。他想知道，如果你把兩個生活截然不同的人（比如說，一個是紐約華爾街的交易員，一個是撒哈拉沙漠的遊牧牧羊人）互換位置，會發生什麼。他們在自己的世界裡可能都非常有能力，但他們能在新的環境中繁榮發展嗎？他認為，答案是否定的。

這個觀點讓加德納發展出一套關於技能和智能本質的理論。他認為，智能的形式不只一種，而是各式各樣的。在某些情況下，你獨特的智能可能會有所幫助；然而在其他情況下，它可能毫無用處。於是，加德納重新問了這個老問題：「你有多聰明？」然後把它調整成，「你在哪方面聰明？」

加德納的研究最終成為他的多元智能（Multiple intelligence, MI）理論，該理論認為，智能有多種不同的方式，有些人有人際智能，他們有獨特的方法可判斷他人的感受。有些人有空間智能，在三度空間中視覺化世界的能力。然而，更多人擁有語言智能，他們甚至可以把最抽象的思想用文字表達出來。這些只是幾個例子。事實上，加德納發現了八種不同的智能。他說，可能還有更多的東西等著被發現。[3]

這個觀念對任何試圖掌握高效能的人都有幫助。正如加德納所說，多元智能理論可以提供「有用的清單」，讓我們知道自己擅長什麼，然後追求它勝於所有其他事情。在我們的採訪和研究中，我們發現，高效能者會無視他們不能做的事情，而圍繞他們能做的事情來安排自己的生活。

那些把正規教育描述為忍耐過程而非享受的受訪者尤其如此。許多人在學術方面並不優秀，這掩蓋了他們真正的（也許是隱藏的）智能形式。企業家喬．馬龍（Jo Malone）和史蒂文．巴特利特（Steven Bartlett）這兩位高效能者，尤其能證明在課堂之外發揮自己長處的重要性。

在這兩人中，喬．馬龍的才華真的相當獨特。馬龍小時候的生活很辛苦，在貝克斯利希斯的公共房屋長大，她告訴我們她如何在貧困的邊緣度過童年，「八歲時就必須想下一餐在哪裡」。她父親有賭博的習慣，馬龍十三歲時，母親中風了。馬龍才十歲出頭就離開了學校，在沒有學經歷的狀況下照顧母親。

但即使在很小的時候，馬龍就已經瞥見自己的職業前景。她告訴我們：「我一直相信世界上還有別的東西。」她未來成功的種子很早就埋下了。在她母親中風之前，曾經為一位名叫露芭緹夫人（Madame Lubatti）的美容師工作。「我八、九歲的時候和媽媽一起去工作，觀察這個不可思議的女士在實驗室裡的模樣。我想看面膜是怎麼做的，看露芭緹夫人磨檀香。」馬龍在一次採訪中提到。[4] 很快地，她自己也參與了進來，把她親手製作的護膚品倒入露芭緹客戶們的罐子裡。

馬龍立刻就喜歡上了這份工作。事實證明，她在製作化妝品方面有非凡的才能。她有閱讀障礙，很難遵循一種特定配方。然而，透過觀察，她能夠記住任何一種產品的成分。

但馬龍並不喜歡為別人的作品工作，她想開發自己的作品。最終，在她三十歲出頭的時候，推出了自己的沐浴油系列。一九九九年雅詩蘭黛收購了她的公司，那是一筆數百萬英鎊的生意，三十多年後，它仍然是世界上最著名的香水品牌之一。

馬龍的故事告訴我們，我們可以在意想不到的地方找到自己的技能。她一直是個非正統的調香師。雅詩蘭黛收購馬龍的公司後，高階主管們要求看她的配方。她對一位採訪者說：「我說：『我沒有什麼配方，全在我的頭腦裡。』我坐在他們的實驗室裡，他們要我去做什麼，我就去做。他們會說：『停，停！那是多少滴？』我說：『我不知道！加到感覺合適為止！』然後我們就得從頭再來。」[5]

馬龍的故事揭示了往往被隱藏的智能本質。馬龍的成功源於她發現了一種不尋常的技能：對化妝品製作非凡而直覺性的把握。這並不是說她的成功完全歸功於她對香水的精通。在高效能Podcast中，馬龍描述了一種不可思議的商業戰略訣竅，用她的話來說，她想像公司未來的步驟「就像棋盤一樣」。但馬龍帝國的起源更非正統——在與露芭緹夫人相處的早期，她發現了一種獨特而寶貴的力量。

如果說馬龍的故事告訴我們的是，制定精確的「硬技能」的力量，那麼我們的下一位高效能者則是讓我們知道，發現更廣泛但同樣重要的「軟技能」的力量。馬龍別無選擇，只能早早離開學校，而巴特利特則是從未適應正規教育。他告訴我們，老師形容他是「可愛的男孩，但沒有希望的學生」。「我十六歲的時候被學校開除了，當時我的出席率是三〇％。」問題不在於他不守規矩，而在於他不喜歡讀書。正如他在一次採訪中總結的那樣：「每個人都認為我的人生會失敗。」[6]

然而，巴特利特確實有一些才能——只是不會出現在課堂中的那種。他曾經說過：「二十六歲就要管理七百個人，這種事情是沒有證照，也沒有能力測試可以參考的。」這種與人相處和理解他人的能力，後來使巴特利特成為了百萬富翁。他說：「如果我說我沒有從學校學到任何東西，那就太天真了。**我從學校學到的東西是理解他人以及他們的思考方式**。」[7]用多元智能的語言來說，這被歸類為人際智能：對他人的想法有著高度的洞察力。

由於他能看出驅動他人的動力是什麼，所以從很小的時候起，巴特利特就利用這種技能來賺錢。他告訴我們：「我之所以被開除，不能去上學，是因為我忙於經營各種生意。其中一項生意還是幫學校做的，十六歲時，我負責六年級所有的學校旅行和活動。」

後來，就連老師也發現他有創業的天賦。他一直在節省學校財務團隊的資金，與自動販賣機供應商溝通，幫他們爭取更好的交易。他說：「後來發展到學校給了我一整面牆，專門宣傳我想出的活動或東西。」接著，他開始在家鄉普利茅斯為十八歲以下的青少年舉辦社交之夜：一個晚上有三千人參加。

這種發現周圍人的需求，並將這些需求轉化為商業機會的能力，使得他創立的公司 Social Chain 獲得成功。如今，這家社交媒體機構的客戶名單包括蘋果、麥當勞和 BBC，幫助每家公司與社交媒體用戶互動。它是一家價值三億美元的社交媒體公司，擁有七百名員工，在歐洲、亞洲和美國設有六個辦公室。

巴特利特和他的團隊研究哪些內容能讓人們產生共鳴，以及哪些不能。這與巴特利特在學校發現的人們喜歡（和不喜歡）什麼的直覺是一樣的。他找到了自己的力量，也找到了自己的使命。

黃金種子時刻

問題是，要找出我們的優勢未必那麼容易，有些人一輩子都沒有發現自己真正的技能在哪裡，尤其是當他們擅長的東西並沒有在學校裡測試，也沒有在工作場所得到正式監督的時候。這就是為什麼我們每個人都必須認真思考自己擅長什麼，並把它做為高效能之旅的基礎。但怎麼做呢？

在這方面，田徑選手霍姆斯也有一些至關重要的見解。在二〇〇四年奧運奪得兩枚金牌的十六年後，霍姆斯和我們坐在一起，講述了她的故事。她的運動之路並不平坦。在採訪過程中，她告訴我們她在學校時的問題，青少年時的迷茫感、創傷性運動損傷，以及與心理健康的爭鬥。

但經歷了這一切，她學會了蓬勃發展。從她的故事中，我們可以找到一種簡單方法，發現自己隱藏的優點。我們可以把這個過程歸結為三個階段：識別、反思和節奏。這些原則也能提供你一個框架，讓你找出自己的長處。

讓我們從識別開始。心理學家佛洛伊德稱之為「黃金種子」時刻。[8] 許多人都記得年輕時有人告訴我們，我們有哪些特殊才能的時刻。那人可能是老師、老闆或家人。多年下來，我們逐漸將這項技能視為「我們是誰」的關鍵因素。

我們採訪的許多高效能者都有意識到這顆「黃金種子」被種下的那一刻。對於皇家芭蕾舞團的男首席領舞馬塞利諾・桑比（Marcelino Sambé）來說，是他所在的青年俱樂部（位於里斯本最貧窮的郊區之一）的心理學家注意到他在舞蹈課時臉上純粹的快樂。對於拳擊推廣人艾迪・赫恩（Eddie Hearn）來說，早年對行銷的迷戀，加上商人父親的鼓勵，激發了他對推廣拳擊的熱情。對於英格蘭橄欖球聯盟的總教練尚恩・韋恩（Shaun Wane）來說，是他太太洛琳家人的善良和溫柔的理解，與他自己家庭的殘酷經歷形成了鮮明的對比，這些經歷讓他想要創造一個培育球員的環境，無論他最後會在哪裡，都是為了他的球員。

霍姆斯描述了黃金種子時刻對她的影響。她童年的生活很艱難，她的母親潘在十幾歲時生下她。她父親在她一歲前就離開了。潘的父母鼓勵她把女兒送給別人收養，擔心她還太年輕，無力獨自撫養孩子。所以霍姆斯的童年是在育幼院進進出出度過的。在Podcast節目中，她回憶起在她的記憶中刻骨銘心的那一刻，「領養機構的人來了，真的是要把我帶到另一個家庭去。」

和許多高效能者一樣，霍姆斯並不是學術方面的奇才。她告訴我們：「我在學校成績一點也不好。」但在青春期早期，她發現自己有一種天賦。「十三歲時，我第一次參加越野賽跑。儘管在我生活的很多方面人們對我的期望都很低，但我賽跑時做得很好。」

接下來就是她的黃金種子時刻，一切都要歸功於霍姆斯的體育老師黛比・佩吉（Debbie Page）。霍姆斯在自傳中寫道：「人們通常會把功勞歸功於學校裡那些鼓舞人心的老師，他們激發了學生對某學科的熱情，並影響了他們的一生。對我來說，那個人就是佩吉。她很高，令人印象深刻，精力充沛，工作出色……那次越野賽跑獲得第二，是我人生的轉捩點之一，因為這讓她注意到我的潛力，鼓勵我繼續跑步。」[9]

自己的潛力被注意到後，霍姆斯更加努力地成為一名跑者。在節目中，她向我們解釋了識別和標記自己的能力對她表現的影響。她告訴我們，在那之前，「我一直覺得自己很沒用。直到體育運動的表現出色，突然間我贏得了一切。」這對她的表現產生了驚人的影響。突然間，同學和老師都告訴她她很特別，他們說：「如果你想變得優秀，你就必須開始專注……但你比這裡所有人都強。」黃金種子種下了，而且很快就開始生長。霍姆斯笑著說：「我當時就想，天哪，真的**有人告訴我我可以做得很好**。」

為什麼這些黃金種子時刻如此重要？心理學家一直認為，給一種行為貼上標籤，會讓我們傾向於去做它。在一項由心理學家羅伯特・西奧迪尼（Robert Cialdini）做的研究中，兩組成年人在選舉前接受了民意調查專家的採訪。第一組被告知，他們可以被歸類為「投票和參與政治活動的可能性高於平均值的公民」。另一組被告知他們投票的可能性在平均值。實際上，這兩個標籤是隨機分配的，但影響卻非常大。事實證明，被稱為「高於平均值」的受訪，在選舉中投票的可能性高出一五%。[10] 有人告訴他們，他們是什麼樣的人，所以他們就成了那樣的人。

這裡有一個寶貴的教訓。當別人告訴你，你有什麼技能時，要特別記下，為自己貼上那個技能的標籤，並找機會運用它。這些黃金種子時刻很重要，它們是你天職的第一個暗示。

高效能維修站 *High Performance Pit Stop*

發現種子

傑克

一九九〇年代，當我開始在 Rapture TV 工作時，我不知道自己這輩子想要做什麼。正如我在前言中提到的，在經歷了恥辱的 A-Level 成績之後，我憑著一個偶然的機會進入了電視產業，完全沒想到這是我職業生涯的開始。然而二十年後，我相信我在 Rapture TV 的時光就是我的黃金種子時刻。

這並不是說我在電視製作方面有什麼非凡的本事。我只是一個小梯子的最底層，週末時間都在打掃播放室、操作讀稿機、接電話、泡茶，為了每週日晚上拿到的五鎊現金。但在 Rapture 的時光確實讓我意識到自己擅長什麼。

這一切始於 Rapture 舉辦的一場比賽，讓觀眾寄家庭影片來，可以贏得出現在巴黎電視節目的機會。

我們需要知道的是，Rapture 實際上並沒有很多觀眾。因此，這場比賽失敗了——沒有人參加。這時就是我和其他有工作經驗的孩子們派上用場的地方。為了彌補幾乎不存在的觀眾的平淡反應，電視台要求我們製作一些影片並「參加」比賽。我向朋友史蒂芬借了攝影機，開始工作。

現在回過頭來看，這段影片業餘到可笑。我向「觀眾」講述了我對娜塔莉・安博莉亞的喜愛，拍攝了我和我的狗迪利斯在花園裡玩耍的影片，並炫耀了我相當重的諾福克口音。當我拿給製作人羅傑・法蘭特（Roger Farrant）看時，他覺得相當不錯。他決定直播選拔過程，觀眾們「投票」支持我獲勝，我就這樣成功完成了第一次試鏡。

幾週後，我走在巴黎的一條街上，對著電視攝影機說話。我很喜歡。這是我第一次真正感覺自己如魚得水，牢牢記住了所有的連結和臺詞。十幾歲的我認為自己很有魅力。整個場面感覺再自然不過了。

這聽起來可能微不足道，但在我的 A - Level 考試成績不佳之後，製作人對我的讚揚，以及在巴黎證明自己的機會，真的發揮了很大的作用。很快，我就開始調整我的說話風格，認真思考我們的觀眾（對，我們的「觀眾」）想聽什麼。這是一個經典的黃金種子時刻：當有人告訴我，我擁有一種技能時，我就會標記並精進這一技能。

如今，當有人告訴我他們陷入職業方面的困境時，我就會請他們回想一下自己的黃金種子時刻。他們年輕時的記憶裡是否有什麼事情？是否有過這樣的時刻：他們尊敬的人對他們說他們有天賦？他們今天還能用上這種技能嗎？

成功留下的線索

光有黃金種子是不夠的。如果沒有水和陽光，種子很容易就會枯萎。畢竟，我們很多人在年輕時都有天賦，但隨著時間，這些天賦也逐漸消失了。

所以，如果我們真的想要發揮我們的優勢，就必須保持警惕，並不斷檢查我們是否專注於自己擅長的事情。這就帶出了發現自己長處的第二項原則：反思。高效能者會不斷監控自己擅長的領域，以及表現不佳的領域。如果你對某件事有天賦，你就會在身邊看到它的證據。成功會留下線索。

我們必須認真思考自己的優勢，其實是來自一個令人不安的現象：在評估自己的優勢時，我們的直覺往往是錯誤的。我們太容易以為自己擅長某件事，但實際上我們並不擅長。

這就是麥克亞瑟．惠勒（McArthur Wheeler）的慘痛教訓。一九九五年四月，惠勒在賓州匹茲堡搶劫了兩家銀行，結果在幾小時內就被抓住，這件事轟動一時。為什麼他這麼快就被抓住了？因為倒楣的惠勒在光天化日之下搶劫了兩家銀行，而沒有戴上面罩或任何其他形式的偽裝。銀行周邊的許多攝影機都拍下了他的模樣，而且也有很多目擊者很快就證實他的身分。

他的問題是他認為自己是隱形的。他在書上讀到檸檬汁是用來做隱形墨水的，於是就用檸檬汁擦臉。他想，如果這種方法適用於墨水，應該也會適用於皮膚吧？

這個荒唐的無能故事引起了社會心理學教授大衛・鄧寧（David Dunning）和賈斯汀・克魯格（Justin Kruger）的興趣，激發他們去探索過度自信的心理學。我們當中有多少人，曾以自己的小聰明，像惠勒那樣行事？

鄧寧和克魯格要求一九四名學生進行一系列邏輯和文法測試，然後要求他們預測自己與同儕相比的表現如何。[11] 他們的發現很值得注意：這些參與者是很糟糕的評審，他們普遍高估了自己的能力。在文法測試中，參與者傾向於估計自己比其他三分之二的學生好。最引人注目的是，在成績最差的學生中，估計和現實之間的差距最為明顯。最差的四分之一的學生，更有可能預測他們是前三分之一。

這個實驗幫助鄧寧和克魯格提出了一個假設：鄧寧－克魯格效應（Dunning-Kruger effect）指出，評估自己在一項任務中的表現，以及是否真正擅長這項任務，通常需要相同的技能。所以，如果你有一項技能，你可能會意識到你很擅長。但如果你缺乏這種技能，你可能不會意識到自己沒有這方面的才能。

以開車為例。最好的司機會確切地知道他們為什麼給自己打這麼高的分數，他們能看出自己和其他人的區別。不幸的是，最差的司機甚至無法意識到他們缺乏的技能，所以他們很可能認為自己的技術很好。正如鄧寧簡潔地說的那樣：「鄧寧－克魯格俱樂部的第一條規則是：你不知道自己是鄧寧－克魯格俱樂部的成員。」[12]

對任何想成為高效能者的人來說，鄧寧－克魯格效應呈現出一個問題。**我們認為自己擅長的事，和我們實際上擅長的事未必一致**。

解決辦法是仔細審視你擅長什麼，並且要毫不留情地、客觀地去檢視自己。霍姆斯和我們分享了她自己的方法。她會刻意回顧自己的成功和失敗，試圖從中找出自己擅長什麼、不擅長什麼。

她告訴我們，她在一九九〇年代末和二〇〇〇年代初時，經歷了一段特別難熬的時期。到二〇〇二年，霍姆斯已經忍受了七年無法完全恢復健康的時期：小腿肌肉撕裂、阿基里斯肌腱撕裂、疲勞性骨折、傳染性單核白血球增多症……她的傷病越來越嚴重。二〇〇三年，在世界錦標賽的準備階段，她再次受傷。霍姆斯再也受不了了。她告訴我們：「我一直在想，所有的事情都在打擊我。我徹底崩潰，真的到了我不想再待在這裡的地步。」霍姆斯向我們描述那個時候，在法國一家旅館裡，她意識到自己不能再像現在這樣生活下去。「我看著鏡子裡的自己，心裡充滿了各種快爆炸的怨恨、情緒和失望。」她說，「我覺得彷彿有誰就是要讓我失敗，就像在說，你不能做這件事。」

幸好當時霍姆斯身邊有人能夠支持她。差不多那時，她找到了在南非的美國教練馬戈·凱恩（Margo Kane）來接管她的訓練。她在自傳中寫道：「我需要做一些不同的事情，打破我陷入的惡性循環。」凱恩提出了一種獨特的方法，或許能幫助霍姆斯擺脫她的惡習：「馬戈要我做的第一件事，就是**寫下我的優點和缺點、我最好和最壞的行為**。」

這個練習確實啟發了霍姆斯，她說自己「有經常責備自己的習慣」。這份優點清單長達兩頁，從決心、紀律、勇氣到專注力。「我只能列出兩個缺點：受傷和缺乏信心。」霍姆斯寫道。「毫無疑問，我最大的缺點就是缺乏自信。」[13]

這個簡單的練習產生了深遠的影響，讓霍姆斯知道了自己擅長什麼（一長串清單），也幫她意識到自己的缺點，尤其是她對受傷的反應，其實是可以控制的。

霍姆斯的方法告訴我們什麼？它表明了明確識別自己的優點和缺點的力量，把它們寫下來，反思它們，每當遇到挫折時重新審視它們。當你不確定自己的優點和缺點時，退一步問自己：到目前為止的證據告訴我什麼？

高效能維修站 *High Performance Pit Stop*

重新寫履歷

當你申請一份工作時，你會吹噓自己最大的優點：「我是一個有熱情的團隊工作者」、「我和他人相處融洽」、「我非常認真工作」。你通常會把這些技能放在腦子裡，直到你離開面試會場的那一刻，那時你就會立刻忘記它們。

這實在太可惜了，因為這種方法：思考你的技能，為它們貼上標籤，偶爾吹噓一下，是發現你長處的有力工具。

考慮為你接下來的人生寫一張履歷表。在這個練習中，我們希望你寫下過去一年的三大成就，並反思你如何實現每一項成就。例如，如果你寫的是贏得一場自行車比賽，耐力可能是關鍵；如果你在工作中讓一位大客戶驚歎，那可能就是歸功於你出色的人際互動能力。

但是，與此同時，通常會有一個因素把你所有的成就連結在一起：例如，你贏得勝利的決心，或完成任務的紀律。有沒有一項技能支撐著你所有的成就？記住，成功會留下線索——在過去的十二個月裡，你的成功有哪些共同特點？

找到你的心流

到目前為止，我們專注於兩種方法來找出你的高效能領域：注意聽別人說你擅長什麼，關注有確切證據顯示你擅長的技能。但是缺少了一樣東西：享受。通常，你擅長的領域正是你覺得愉快的領域。

要理解其中的原因，我們必須深入探討匈牙利裔美國心理學家米哈里．契克森米哈伊（Mihaly Csikszentmihalyi）的研究。一九六〇年代初期，身為芝加哥大學的學生，契克森米哈伊癡迷於享受和專注之間的聯繫。他發現，當他在寫一篇他覺得有趣的論文時，就可以完全沉浸其中，而且這種完全沉浸的感覺是獨特且令人興奮的。這就是過去一百年來最具影響力的心理學發現之一的起源。[14]

契克森米哈伊開始發展他的理論，並著手進行一項獨特的研究，他到世界各地去尋找是什麼讓人們快樂。他和他的團隊採訪了數百人，從攀岩者到畫家。研究人員開發了一種名為「經驗抽樣法」的方法，他們每天向一組實驗對象發八次訊息，要求他們在一本小冊子上寫下幾個簡短問題的答案。這些問題是關於他們的感受、他們在做什麼、他們和誰在一起。它很快就成為了關於人們情緒和技能非常全面的資訊資料庫。

很快地，契克森米哈伊注意到一個奇怪的現象：許多任務中的出色表現與一種特定的心理狀態有關，他將這種狀態命名為「心流」。

我們許多人都見過處於心流狀態的人——觀看優秀的運動員在運動，或看音樂家在表演。當你處於這種狀態時，你完全沉浸在這項任務中。

根據契克森米哈伊的說法，心流的指標包括你的面部表情、呼吸模式和身體肌肉的緊張程度。想像鋼琴家在音樂會上演奏：他們身體的每一部分都投入到演奏中，似乎為演奏所需要的完全專注而欣喜若狂。

契克森米哈伊說，這種心流狀態是我們最快樂的時候。同樣重要的是，這也是我們發揮得最好的時候。

當我們處於心流狀態時，我們完全沉迷在任務的節奏中，因此能夠產出更高品質的工作。

道理很簡單：如果你想發揮你的優勢，你得找到能讓你產生心流的任務。

我們發現，當你詢問高效能者在完全專注時刻的心態時，他們描述的就是心流狀態，就算他們並不知道契克森米哈伊的研究。他們談論的是「處在狀態中」，或只能夠想到眼前的比賽，他們說的是完全專注的快樂。

與之前一樣，用霍姆斯的例子來說明。她回憶自己贏得首枚奧運金牌的經歷：「在八百公尺決賽中，我從第三跑道開始，感覺非常專注，從踏上跑道的那一刻起感覺就非常好。在整個過程中，我都沒有像過去那樣去想其他的跑者。」[15] 或者想想傑拉德在高效能 Podcast 上描述自己在足球中迷失的時候：「我發現，我表現最好的時候，就是當我進入自動駕駛模式，全身心投入一切，然後順其自然的時候。」或者聽聽偉基臣對高效能的定義：「**絕對的投入……就看你有沒有全身心投入**。」

問題是，心流不是你可以隨意打開或關閉的東西。正如偉基臣在節目上承認的那樣，有太多的時刻我們都在想著過去和未來，難以真正享受當下。那麼，我們怎樣才能分辨出那些讓我們產生心流的任務呢？

根據契克森米哈伊的說法，訣竅在於**找到能力和挑戰之間的恰當平衡**。激發心流的任務既不太容易，也不會太難。它們會擴展我們的能力，但在用盡全力之後只能勉強完成。想像運動員在艱苦的比賽中競爭，但他們知道自己能贏；或創業者在進行壓力很大的推銷，但他們有信心能夠完成。這種難度和成就的平衡產生了一定程度的滿足感，讓人們活在當下。他們覺得一切盡在掌控之中。

因此，找到自己長處的第三個原則是：試著找出你迷失在工作節奏中的時刻。試著讓能產生這種心流感的任務成為你生活的中心部分。

我們會感覺忘記自我的事情，就是我們擅長的事情。如果我們想發揮自己的長處，就要學會找出那些完全沉浸於任務中的時刻。

高效能維修站 *High Performance Pit Stop*

心流表

你可能在想：我到底該怎麼做？這裡有一個簡單的工具，可以找出什麼任務能讓你進入心流狀態。拿著紙和筆坐下來，畫一個由三個重疊的圓組成的文氏圖。接下來，給他們貼上這些標籤：我覺得有挑戰性的任務、我做得很好的任務、我喜歡的任務。

正如我們所見，這就是心流的三大支柱——在這些時刻，我們感覺有一點點吃力，但我們知道可以實現我們的目標，感覺完全沉浸其中。

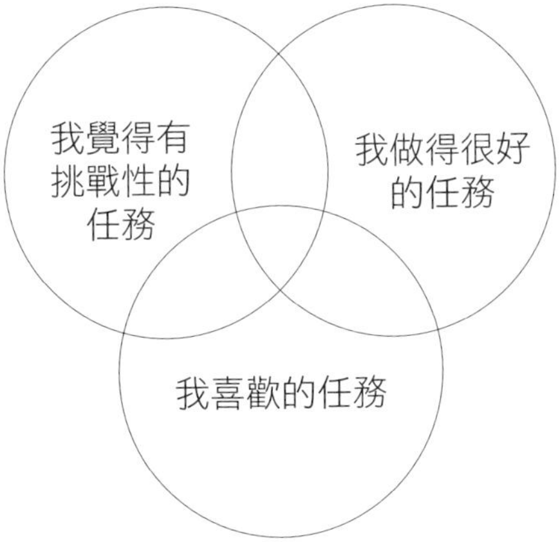

現在，寫下你平時每星期要完成的一些任務。再加上一些你偶爾才會做的事情。把它們放在最適合的圓，或重疊的部分裡。

大多數人會發現，只有少數任務同時滿足這三個標準。我們可能會發現有些任務很有挑戰性，但也非常令人沮喪（對本書作者來說：任何涉及數學的任務）；我們可能喜歡某些任務，但發現它們無法擴展我們的能力（對作者來說：看Netflix）。但大多數人都有一些落在圖表中間的任務，它們會拓展我們的能力，我們可以努力完成，並享受這個過程。想想你在這些時刻的感受。你處於心流狀態嗎？

你天生的優勢

「我喜歡每天去卡迪夫城（Cardiff）工作。他們都是好人，我非常喜歡。但那不是我。」

我們坐在曼徹斯特郊區卡靈頓的曼聯訓練場旁邊，這裡曾迎來足球史上一些最偉大的球員。在我們對面的這個人，在過去的幾年裡，他指導這些球員做得比任何人都多：奧萊・貢納・索爾斯克亞（Ole Gunnar Solskjær），當時他在足球界最艱難的工作中已做了十八個月。

但索爾斯克亞不想談論他做為曼聯教練的成功事蹟。他想談談他在卡迪夫城當教練時遇到的麻煩。在擔任曼聯最高職位的四年前，索爾斯克亞接到了來自卡迪夫城足球俱樂部的電話，問他是否願意成為他們的新教練。那是他教練生涯的顛峰——第一次帶領英格蘭足球超級聯賽俱樂部。但他沒有成功。在索爾斯克亞帶領的前六個月裡，卡迪夫城還是沒能進步，最終在聯賽中排名第二十並降級。索爾斯克亞在那裡待不到一年。

五年過去了，索爾斯克亞對這段經歷只能苦笑。他說：「那種情況——不適合我。我以為或許，就像你說的，你會被『發現』。」在這之前，索爾斯克亞曾在亞歷克斯・佛格森（Alex Ferguson）底下為曼聯效力十一年。他想把他在曼聯學到的統治力和侵略性打法帶到卡迪夫城。但並沒有奏效：「我們想要的打法並不適合球員們……我實在做不下去了。」

關於發揮長處的重要性，索爾斯克亞的自白是我們聽過的最簡明的陳述。毫無疑問，索爾斯克亞是他那一代最偉大的足球天才之一，他不但是一九九〇年代末到二〇〇〇年代初曼聯最偉大的射手之一，還是挪威球隊莫爾德（Molde）的前教練，他帶領球隊第一次獲得國內聯賽冠軍。但在一個不符合他長處的環境中，索爾斯克亞遭遇了一次又一次的挫折。

經濟學中最重要的概念之一是**「比較優勢」**。**意思是當世界上的每個人都專注於他們擅長的事情時，就會得到最好的結果**。從經濟角度來說，假設一個國家有豐富的煤炭儲量，它應該專注於煤炭出口；如果它有茂盛肥沃的土地，就應該種植作物。根據這個理論，只要專注於自己的優勢，每個人最終都會變得更富有。

我們可以把這個理論應用到自己的生活中。索爾斯克亞在管理進攻型球隊方面具有比較優勢，因此在領導一個較保守的俱樂部時，他很難受。霍姆斯也是如此，她擅長跑步，但在學校學習表現很差；巴特利特有著出色的商業頭腦，但無法專注於課堂上。這並不是什麼丟臉的事情，只是說我們應該發揮自己的比較優勢。

這就是為什麼找到你的技能事關重大。正如高效能者的例子所顯示的那樣，即使是最有才華的人也會失敗，尤其是當他們身處不適合他們的環境時。這並不可恥，身而為人，這是再正常不過的事。

但是，透過發現自己真正的長處所在，我們可以扭轉失敗的局面。我們可以學會發現自己擅長的領域，並將這種卓越轉化為高效能的職業和生活。

課程摘要

- 每個人都有優點和缺點。然而，我們總是過於糾結於自己做不到的事情，而忽略了能做到的事情。
- 記住多元智能理論：有無數種方法可以成為天才。關鍵是找到你自己的天分。
- 這涉及三個步驟。首先，識別：想想過去的例子，也許在你年輕的時候，有人說你有天賦時，那是個「黃金種子時刻」嗎？
- 第二，反思：想想你在此時此地擅長什麼。成功會留下線索，你要自己找出它們。
- 第三，節奏：尋找那些能讓你產生「心流」感的任務。這些時刻非常罕見，但也許正能揭示你真正的使命。
- 找到這些技能是達到高效能的最快途徑。我們每個人都可以發揮自己的「比較優勢」——只要我們知道如何找到它。

你現在的模樣並不代表
你永遠都是這樣，你現在的想法
並不代表你以後的想法。

第5課 變得靈活

「我來這裡的第一天，走到接待處，它完全不是我想像的樣子。我在接待處坐下，桌上放著一份上星期的舊《每日郵報》，還有已經乾掉卻還放在那裡的咖啡杯。」

世界上最成功的F1車隊的領導人托托．沃爾夫（Toto Wolff）向我們講述了他在參觀新總部時的第一印象。一點都不厲害。他笑著說：「我不敢相信這是梅賽德斯（Mercedes）一級方程式車隊。這不是我預期會看到的。」

沃爾夫不是那種面對草率的事情還能夠泰然自若的人。憑藉著風險投資行業的背景，他在二〇〇〇年代末期跨入了F1，並於二〇一二年成為威廉斯車隊的執行董事。他對這項運動的嚴格態度很快就贏得了聲譽。

然而，在梅賽德斯，事情甚至更加個人化。他不僅是車隊即將上任的賽車運動總監，還取得車隊三〇％的股份，是他在威廉斯時所持股份的兩倍。這一次，賭上的不只是他的名譽，還有他的財富。

當時，梅賽德斯表現不佳，這家德國汽車製造商在二〇〇九年底時，以大約一．二億美元的價格收購了F1車隊，並保留了由羅斯．布朗（Ross Brawn）領導的前管理團隊。儘管長期以來一直是這項運動最出色的負責人之一，但在那幾年裡，布朗始終沒能保持梅賽德斯的聲勢。二〇一〇年車隊獲得第四名，二〇一二年是第五名。

沃爾夫有一個不同尋常的解決辦法。他認為問題主要出在那些咖啡杯。他告訴我們：「你可能會想說：『乾掉的咖啡杯或舊的《每日郵報》對F1車隊的表現有什麼影響？』但這一切代表著一種態度，他們不注意細節。」

在那一刻，沃爾夫為一個大問題提供了非凡的解決方案。如果梅賽德斯的財富並不是被糟糕的工程設計或車手品質這樣明顯的因素破壞的呢？如果是被數千個微小的、甚至不引人注意的因素（從那些乾掉的馬克杯開始）破壞的呢？

沃爾夫告訴我們，沒有多少人會關注這些「軟因素」，但實際上它們是必不可少的：「這一切都是團隊價值觀的一部分。如果每個人都朝同一個方向跑，如果每個人都知道關注細節的重要性，那麼最終這個輪子就會獲得一些動能。」

在接下來的幾個月裡，沃爾夫開始著手建立這種動能。過期的《每日郵報》和咖啡杯消失了，人們像雷射一樣聚焦在梅賽德斯的最細微的特質上。結果果然非同尋常，沃爾夫上任不到一年，梅賽德斯的車手路易斯·漢米爾頓（Lewis Hamilton）就贏得了總冠軍。在接下來的幾年裡，梅賽德斯成為了F1的主導力量，連續七年贏得了錦標賽。

這裡有一個關於高效能的一課。想想我們這個時代最偉大的發明：愛迪生發明了如何在不燃燒的情況下讓燈泡發光，居里夫人發現了放射性，萊特兄弟實現了第一次動力飛行。在每種情況下，發明者都遇到了一個問題：一個依賴笨重的蠟燭和煤氣燈的世界；不理解原子如何結合在一起的；鳥會飛而人類卻不會這個惱人的事實。而且，在每一種情況下，他們都提出了有創意又大膽的解決方案。沃爾夫來到梅賽德斯總部的時刻，就代表這樣的時刻。

這些人都是問題解決者。他們解決問題的方法是靈活變通——想出解決老問題的新方法。為什麼我要接受這個問題的傳統思維方式？如果我發展出一種完全不同的方法呢？它們讓我們知道，突破來自那些準備以不同的方式思考和行動的人。

這比聽起來難多了。大多數人的頭腦中都有一個固定的世界模型。用心理學的語言來說，這些心理模式被稱為「啟發法」（heuristics）。可以把它們看作是「經驗法則」，解決問題的簡單策略，讓我們理解周圍的環境。

這些規則非常有用，尤其是當我們必須在沒有所有資訊的情況下迅速做出正確決定時。想想早餐吃什麼這個問題，你不會從統合分析所有資訊開始每一天（這個麥片比較好吃，那個比較健康），而是會走捷徑：我昨天吃了這個，所以今天再吃。這是一種簡單的行為方法，能讓你不被每天必須接收的資訊淹沒。

但是，雖然它們通常很有幫助，這些啟發法可能會削弱我們靈活應對情況的能力，代表我們陷入了難以擺脫的行為模式。

一九七〇年代初，兩位心理學家丹尼爾．康納曼和阿摩司．特沃斯基（Amos Tversky）開始研究這些啟發法捷徑如何影響人們的行為。他們認為，聰明的人並不是特別有條理或理性，而是用不完美的心理模式在做決定。

為了驗證這個假設，他們發了調查問卷給一群高智商的人，詢問他們關於他們所知甚少的領域。一個真正理性的人，會從頭開始有條不紊地分析這些問題。但事實上，大多數受訪者都回到了他們的啟發法——用粗略的經驗法則來解釋他們幾乎無法理解的情況。他們總結道：「當人們在不確定的情況下做出判斷時，會依賴有限的啟發法，這些啟發法有時會產生合理的判斷，有時會導致嚴重的錯誤。」[1]

在接下來的幾十年裡，康納曼和特沃斯基發現了幾十種啟發法，並揭示它們對人們的決策產生什麼負面影響。這些「啟發法偏差」導致人們做出錯誤的判斷。人們往往會低估完成一項任務所需的時間；潛在的損失比潛在的收益對我們的影響更大；還有傾向於根據我們想像的容易程度，來判斷事件發生的可能性——對我們來說，一條資訊越「可取得」，似乎就越重要。

最重要的是，這些思維模式可能阻礙我們想辦法解決問題，阻止我們有創意地思考構成我們日常生活的行為，迫使我們陷入過時的做事方式。我昨天吃了這牌子的麥片，所以我今天要再吃一次。

高效能者做事的方式不同，他們當中許多人知道如何打破自己的偏見，為自己的問題發展新穎有創意的解決方案。換句話說，他們有「靈活的觀點」。這一章也會告訴你如何獲得靈活的觀點。

高效能維修站 ***High Performance Pit Stop***

靈活的力量

傑克

那是二〇〇七年，我遇到了麻煩。多年來，我一直懷有成為體育節目主持人的抱負。準確地說，我想成為英國最受尊敬的體育節目主持人。不幸的是，我的工作有點落差。身為BBC的兒童節目主持人，我有很多日子都打扮成一隻巨大的粉紅色龍蝦，讓七歲的孩子指導我戳破充滿泡沫的氣球。如果我需要一些創意思考，就是那時。所以我採取主動，與BBC體育組的某個人見面，爭取體育節目主持人的工作。會面一開始，我就講了我的經典故事：A-Levels 考試不及格、被麥當勞解雇。我覺得這讓我看起來很謙遜，但我同事不這麼想，他說：「我們一般不會雇用像你這樣的人。」在那一刻之前，我一直覺得自己是個大人物。在兒童電視節目工作就會讓你有這樣的錯覺，我經常上 BBC One，在路上被人攔下來要簽名，也習慣了孩子們看到我時的尖叫。但我和 BBC 體育的對話讓我意識到，我在電視圈的階梯並沒有爬得很高，只在兒童電視節目爬較高。

所以我做了一件極端的事。我發了一封電子郵件給 BBC 足球部門的主管，告訴他只要能進入體育節目主持行業，我願意做任何事。這一次，我以更謙卑的態度對待事情：我說我會盡可能保持靈活，只要能讓我離夢想更近一步。

他回了我一個工作邀請：為下午的足球比賽節目「最終比分」（Final Score）做一些零散的報導，包括收一個麥克風和攝像機，開車去看第三或第四級別的足球比賽，然後打電話到電視中心播報第二十二場比賽報告。因為這些都是低級別聯賽，所以我經常會在最後一刻被擠出播報時程。我會一路跋涉到，比方說，諾森伯蘭郡，卻連電視也上不了。

這件事並不迷人，但今天我認為整件事是關於創意思考的力量的一課。在與 BBC 體育同事的第一次交談後，我以為沒有希望了，他們不需要像我這樣的人。但後來我開始想，有沒有什麼更有創意的回應。如果體育節目的報導方式不只一種呢？如果我能像十八歲時那樣，從底層一步步往上爬呢？

果然，在平日主持兒童電視節目、週末主持足球節目一段時間後，我得到了做一些「不錯的」體育節目的機會，接下來我再也沒有回頭。我很喜歡回憶這段經歷，包括龍蝦裝。這讓我想起了靈活觀點的力量。當有人告訴你有些事做不到的時候，問他們「為什麼做不到？」當有人暗示你不具備成功的條件時，就問：「那我要怎麼才能得到那些條件？」

有點信心吧

「就是這樣……就．是．這．樣……拚盡全力。」[2]

這是甲骨文隊（Oracle）AC72雙體船的班．安斯利（Ben Ainslie）對他的隊員發出的指令。隨後，他們以四十四秒的領先優勢衝過了終點線。那是二〇一三年九月，安斯利剛剛在美洲盃帆船賽一百六十二年歷史上最引人注目的決賽中獲勝，美洲盃帆船賽是世界上最負盛名的帆船賽事。安斯利的勝利是自一九〇三年以來英國水手首次獲勝的船隻。

紐西蘭總理約翰・凱伊（John Key）在推特上說：「可惡。」[3]

然而就在一週前，甲骨文隊已經接近慘敗的邊緣。「我們當時就像在槍管下的人一樣。」甲骨文隊的澳洲隊長吉米・史皮希爾（Jimmy Spithill）後來回憶道。[4]在比賽開始之前，這支隊伍就已經士氣低落，因為在早先的美洲盃世界系列賽中作弊被扣兩分（他們在船上裝載了非法重量）。從那以後，情況只有每況愈下。甲骨文隊在前十一場比賽中輸掉了八場，以八比一落後於紐西蘭隊。

投資甲骨文隊的億萬富翁科技公司創始人賴瑞・艾利森（Larry Ellison）曾宣稱，他「討厭輸的感覺」，看來他得慢慢習慣了。但在接受失敗之前，艾利森還有最後一次冒險機會。第五場比賽結束後，艾利森換掉了帆船戰術家約翰・科斯特基（John Kostecki），換上了當時四次獲得奧運帆船金牌的安斯利。

很快，整個情況都變了。令許多人震驚的是，甲骨文竟然上演了激烈的逆轉，連續七場獲勝，讓比賽充滿了激情，並設立了勝者通吃的決勝局——儘管這個決勝局困難重重，甲骨文還是贏了。第一個完成單人不間斷環球航行的人羅賓・諾克斯-約翰斯頓（Robin Knox-Johnston）回憶說：「在安斯利上船之前，我們一直在挨打。毫無疑問，是安斯利的到來徹底改變了船上的氣氛。」[5]

當我們在高效能 Podcast 上見到安斯利時，我們很想知道：他是如何做到的？安斯利在樸茨茅斯（Portsmouth）他那間位於一樓的漂亮辦公室裡，眺望著波光粼粼的索倫特海峽（Solent），向我們解釋他建立一支高效能團隊的過程。這可不是自然形成的，他對我們說：「一開始，如果說實話的話，我在這方面做得很糟糕。」他回憶起二〇〇〇年初自己最早的領導經歷。「我給自己設定的標準很高，然後就會對別人有同樣的期待……如果有人犯了錯誤，我不會真正試著去支援那個人，幫助他們適應，幫助他們以一個團隊的身分成長，我通常只會感到受挫。」

那麼，扭轉一支團隊的訣竅是什麼呢？在某種程度上，答案都與靈活的觀點有關。安斯利說，他的技巧在於把不同的方法結合起來，開發出全新的東西。他說：「二〇一三年與甲骨文隊一起參加帆船比賽時，我們有很多關鍵人物都來自九五年贏得美洲盃的紐西蘭隊。我們將其與美國的體育方式結合起來，最終形成了一種完全不同的方式。」

但在另一個層面上，這一切都是在建立團隊的可能性意識。在著手解決一個團隊的問題之前，安斯利試圖說服他們，他們的問題是可以解決的。他在一次採訪中說：「關鍵在於發現問題，並提升團隊精神，樹立對團隊能力的積極信心。人們在這種時候會情緒低落，你必須在做出選擇的同時保持正面的心態。」[6]或者，就像他在節目上說的那樣，好的教練是要「**讓人們相信自己能做到……只要有個人站出來說，來吧，你做得到的。**」

這種「我能做到」的信念，是安斯利小時候學會的。他講述了童年時某次比賽的後果，那次比賽進行得並不順利。他父親羅迪・安斯利（Roddy Ainslie）曾於一九七三年參加過第一屆惠特布萊德環球航海賽（Whitbread Round the World Race），他問他出了什麼問題：「我回到家，我爸就像他經常做的那樣，問我比賽進行得怎麼樣。然後我說：『噢，我做得很好，但是運氣不好，然後發生了這樣那樣的事情，真的很不走運。最後我拿到第三或第四名。』」

父親的回答很有意思。「他停頓了一下說：『嗯，這真的很有趣，因為我碰巧有看到比賽，我看到你放棄了。』……他說：『聽著，如果你真的想在運動方面出類拔萃，並且做得非常非常好……如果你真的想成功，你必須付出一〇〇%的努力。』」

要說安斯利接受了這一教訓，實在是太過輕描淡寫的說法了。在接下來的幾十年裡，安斯利成為了歷史上最偉大的競技水手之一。他那種「我做得到」的進取態度，使他在一九九六年的亞特蘭大奧運獲得銀牌，隨後又在接下來的四屆奧運中獲得單人帆船金牌。從一九九三年到二〇一二年，他獲得帆船世界冠軍十一次。

我們見到安斯利時，他正努力帶領一支英國隊贏得美洲盃的冠軍：對於一項自一八五一年創立以來從未奪冠的賽事來說，這是一項了不起的成就。在整個總部裡，你都能感受到安斯利強調的積極態度。在樸茨茅斯老城的中心地帶，英力士英國帆船隊（Ineos Team UK）位於一座巨大的現代建築裡，上面裝飾著大型灰色英國國旗。裡面的牆上滿是樂觀的名言。有一句來自蕭伯納的話：「那些說這件事辦不到的人，不應該打擾正在做這件事的人。」整個方法就是強調，通往勝利的途中，任何明顯的障礙都是可以克服的。「我們也很久沒有參加環法賽了。」安斯利談到他最近的努力時說，「然後布拉德利．威金斯（Bradley Wiggins）在二〇一二年就締造了歷史紀錄。」[7]

在強調相信自己高於一切時，安斯利暗示了獲得靈活觀點的第一種方法。很多人處理問題的時候，就好像它們是固定不變的一樣：如果一些問題看起來很難解決，那它就是無法解決的。但安斯利對相信自己的強調，暗示了另一種打破這些認知陷阱的方法。我們必須先說服自己問題是可以克服的。

這看起來可能很奇怪。為什麼光是相信問題可以解決，就能幫助我們解決問題呢？這甚至有點像是在為自己的失敗做準備。但證據很明確：相信自己，是解決問題的首要因素。

要理解其中的原因，我們要先轉向過去四十年中最具影響力的心理學概念之一，由史丹佛大學教授卡蘿．德威克（Carol Dweck）首創。這裡有一個快速的練習。閱讀下面四個句子，看看哪一個聽起來最真正確：

一、你是某一類人，你做什麼都無法真正改變這一點。
二、不論你是哪種類型的人，總是可以產生明顯的改變。
三、你可以用不同的方式做事，但你最重要的部分無法真正改變。
四、關於你是什麼樣的人，你總是可以改變一些基本的東西。[8]

根據德威克的研究，如果你同意第一和第三個說法，那你就是一個「定型心態」的人，你認為事物的現狀或多或少就是事物永遠的樣子。如果你同意第二和第四個，那你就是「成長心態」，就像安斯利一樣，**你相信你有能力改變你的環境，而改變要歸功於你的行為**。

德威克很想知道這兩種心態對人們解決問題能力的影響。她曾經找來三百三十名十一、十二歲的學生，問他們一系列關於天賦的問題，尤其是智力方面，確定了誰是「定型心態」，誰是「成長心態」。

接下來，她給學生一系列問題，問題的難度逐漸增加：前八個不需要太多思考，後面四個就難多了。

在孩子們努力解題時，一個戲劇性的模式出現了。定型心態的那組孩子遇到比較難的、最終的謎題時，他們很快就開始批評起自己的能力不足。他們會說「我想我不是很聰明」、「我的記憶力本來就不好」，或「我不擅長做這種事」。他們對自己能力的信心在逆境面前很輕易地崩潰了。

成長心態的孩子有不同的反應。當他們失敗時，他們沒有開始自我鞭笞。在許多情況下，他們甚至不認為自己失敗了，只是將較難的謎題視為令人興奮的挑戰。最後，這些人的表現比定型心態的同儕要好得多。

這種差異不只戲劇性，而且引人注目。表現上的差距與基因、智力或動機無關，而是在於心態的差異。成長心態把一切變得可能。

寓意很清楚：如果你說服自己你能解決一個問題，那麼你就更有可能做到。你現在的模樣並不代表你永遠都是這樣，你現在的想法並不代表你以後的想法。我們都可以改變──事實上，能夠改變正是我們身為人的特徵。

正如德威克所說：「在成長心態下，你不覺得有必要說服自己和他人你有同花順，但卻暗自擔心手中只有一對十。你手中的牌只是一個起點。」[9]

這個見解對我們的生活有著深遠的影響，它指出，如果我們想要克服一些困難，必須先增強我們對什麼事情可以實現的感覺。想想安斯利，帶著一連串看似毫無希望的目標，首先是拯救甲骨文隊，接下來是為英國贏得美洲盃。這個問題似乎無法克服，但也正因如此，使它成為令人感歎的挑戰。

當然，欣賞具有成長心態的人是一回事，真正向他們學習又是另一回事。改變一個人的心態絕非易事，涉及從根本改變你處理問題的方式。但德威克的研究很清楚。成長心態不是與生俱來的，而是可以學習的。

怎麼做呢？德威克提供最引人注目的工具之一，是簡單地重新建構我們的問題。她建議，只要在句子裡加上兩個字：「還沒」，就能增強我們對可能性的感覺。

許多人在嘗試一些新的、具有挑戰性的東西後，就喜歡宣稱自己不擅長它。我們會帶著堅定的決定論迅速做出判斷：「我無法解開那個謎題」、「我不知道怎麼通過這次考試」、「我不能處理這個問題」。這有點像我們在第一課中看過的狗，不肯離開帶電的籠子。我們看到的是一個暫時的問題，卻把它貼上永久的標籤。

但還有另一種選擇。**每當你發現自己認為一個問題無法解決時，試著加上「還沒」這個詞。**這是個很小的改變，卻非常強大。「我『還沒』解開那個謎題」、「我『還沒』想出怎麼通過這次考試」、「我『還沒』能處理這個問題」。

德威克的研究顯示，這個小小的改變，可以從根本上改變我們對障礙的看法。加上「還沒」這個詞，會微妙地改變我們的心態，讓我們對自己改變的能力更加樂觀。她說：「光是『還沒』這兩個字，就能給人更大的信心，讓人在通往未來的道路上更有毅力。」[10]

這是安斯利會認同的觀點。二〇二一年二月，英力士英國帆船隊在他們試圖拿下美洲盃的最後一個障礙上摔倒了——在倒數第二輪被義大利隊露娜・羅莎（Luna Rossa）擊敗。但幾週後，安斯利就回到樸茨茅斯，準備迎接下一個挑戰。

在寫這篇文章的時候，英國「還沒」贏得美洲盃。

高效能維修站 ***High Performance Pit Stop***

重新想像危機

皇家芭蕾舞團的首席舞者馬塞利諾．桑比啟發了培養成長心態的一個實用工具。

芭蕾舞者童年通常擁有的特權，沒有一項適用於桑比。他第一次發現自己對舞蹈的熱愛，是在葡萄牙里斯本郊區的一個社區中心，那裡專門為有問題家庭的兒童服務。桑比克服重重困難，最終獲得了里斯本國家音樂學院（National Conservatory in Lisbon）的入學資格。雖然他是穿著運動服去試鏡的，而且他「根本不知道芭蕾是什麼」。幾年後，他加入了倫敦皇家芭蕾舞學院（Royal Ballet Upper School），先是成為一名獨舞舞者，然後成為首席舞者。

但在經歷了一次重大挫折後，他才明白了成長心態的力量。他的脛骨處有深度疲勞性骨折。那可一點都不好玩，他告訴我們：「受傷真的很慘，因為你知道要復出還有很多工作要做。」他的傷勢是最嚴重的：「疲勞性骨折對芭蕾舞者來說非常糟糕，因為它就像彈簧：想像一下壞掉的彈簧。

物理治療師給他的建議很明確：不要跳躍。

當桑比出現在 Podcast 上時，我們很好奇他是如何克服這個傷病的。他特別的技巧在於把他的傷重新定義為一次機會，而不是一次挫折。這給了他一個嘗試不同經歷的機會——那些他因為專注於事業而錯過的經歷。

他告訴我們：「我閱讀和學習了很多東西。有很多令人興奮的事情，可以讓我無論身為一個人還是一個舞者，都有更進一步的機會……我不斷想著：『我喜歡什麼？我想要什麼？好，就去看看藝術。』我去了所有的博物館。和很多變裝皇后以及倫敦其他令人興奮的人一起玩。」

幾年過去了，桑比對受傷的記憶已經沒那麼清晰，但他承認那次受傷教會了他一些東西。他說：「帶著對事物的新觀點回來，真的讓我很興奮。那九個月對我的職業生涯和我自己都至關重要……我覺得如果沒有經歷那九個月，真正了解我是誰，並問自己：『我想要什麼？我真正想要的是什麼？』我不會看著導演，讓他說出：『他準備好了。』」那次受傷讓他成為了最好的舞者。

這是很有力的一課。想想你在生活中經歷過的挫折，工作上的也可以。接下來，寫下你的行為因此產生的兩個正向改變。你是否對公司的運作有了珍貴的認識？它有沒有讓你變得更有韌性？就像桑比一樣，我們都可以將自己的問題重新定義為獲得新觀點的機會——我們只需要正確的心態。

像瘋狂科學家一樣思考

成長心態可能足以說服你，你可以解決問題。但關於怎麼解決，它並沒有提供太多深入的見解。要想對解決問題的藝術有更多的實際見解，我們需要轉向別處——心理學家卡爾・鄧克（Karl Duncker）的研究是一個很好的起點。

鄧克一九〇三年出生於德國，從小就癡迷於人們對物體的思考方式。他的論點很簡單：一旦我們開始認定一個物體的功能是什麼，就幾乎不可能想像它有其他的功能。

以鄧克最著名的實驗為例。他給了一組學生一盒別針、一支蠟燭和一個火柴盒，讓他們想辦法把蠟燭粘在牆上。他們被難住了。當中有些人試著把蠟燭融化在牆上，還有一些人嘗試用圖釘穿過蠟油插入牆壁，但收效甚微。

事實上，有一個簡單的方法可以解決這個問題：把盒子釘在牆上，然後把蠟燭放在裡面。但很少有受試者想到這方法。為什麼？

鄧克認為答案在於他所謂的「功能固著」（functional fixedness）。當我們看到一個物體時，我們會專注於它的主要功能。在這個例子中，盒子是用來裝別針的，所以沒有人會想到可以拿它來裝蠟燭。這限制了我們思考可能性的能力。[11]

功能固著並不局限於盒子和蠟燭，這個詞彙指的是我們解決問題的無數種方法可能會卡住：我們執著於一種解決問題的方法，而無法想像其他方法。

想像一下，假設你面前有六個杯子。前三杯裡面有果汁，接下來三杯是空的。遊戲是，你必須移動杯子，使滿的和空的杯子交替。但是，有一個問題：你只能移動一個杯子。你能夠做到嗎？

對大多數人來說，這個問題似乎無法克服。許多人試著把第二個滿的杯子移到兩個空杯子之間，結果發現這仍然會留下兩個靠在一起的滿杯。但有一個辦法：把第二杯果汁倒進倒數第二個杯子，然後把第二杯放回原來的位置。

你覺得這個問題很難解決嗎？這就是功能固著。在你的頭腦中，你只想像到改變杯子的位置，沒有足夠靈活的想像把果汁拿起來倒。

或想想以下情況。假設你烤了一個漂亮的巧克力蛋糕，你想把它分成八等份。問題是你用的刀不可靠，用三次它就會折斷。你要如何只用三刀就把蛋糕切成八片呢？

如果你和大多數人一樣，可能會先把蛋糕垂直地切一刀，然後再把刀子轉九十度切一刀。然後你會開始想沿對角線切第三刀，但你意識到這樣只能切出六片，而且大小不一樣。那麼，你會怎麼做？你可能開始打算切一些不規則的蛋糕片，但記住，規則是每一塊蛋糕的大小必須要相等。

不過，答案很簡單。接著前面兩刀，先切出四片。然後從蛋糕的側面切，一刀到底。看，八片出來了！[12]

這個也把你騙倒了嗎？這就是功能固著：在你的頭腦中，你只從上面想像切蛋糕的方式。你不夠靈活，沒想到可以從側面看。

你可能會想：這些和高效能有什麼關係？令人驚訝的是，答案是：非常有關係。這些固定的方法正是我們在日常生活中面對問題的方式，當我們在工作中遇到困境，或在人際關係中遇到麻煩時，我們會被困在一種特定的做事方式中，看不到其他更有創意的解決方案。

但功能固著是可以克服的。在上述所有的情況下，解決辦法就是改變你的視角（在蛋糕的例子裡，就是字面上的意思）。這也是我們應對生活中遇到問題的方式。

想像一下，一個瘋狂的科學家會如何應對上述問題。他們不會被自己對如何切蛋糕或如何擺放果汁的既定想法所阻礙。在每一種情況下，他們都會**看穿現在的模樣，想像還可以是什麼樣子**。他們以全新的視角看待挑戰，不受任何啟發法陷阱的束縛。

這就是我們獲得靈活觀點的第二個工具：每次你遇到一個問題，試著像第一次看到它一樣看待它。我們稱之為瘋狂科學家思維。

你可能會認為，說起來容易。但我們要怎麼才能學會培養這種全新的視角呢？有個很好的例子來自足球俱樂部萊斯特城（Leicester City）。二〇一五年，萊斯特城遇到了一個大問題：他們足球的能力不高（好吧，公平地說，是以英格蘭足球超級聯賽的標準來看，他們並不算好）。

在二〇一五到一六年賽季開始時，該俱樂部獲得冠軍的賠率為5000/1。

在此之前的一個賽季，他們勉強留在英格蘭足球超級聯賽中，隨後解雇了總教練奈傑爾．皮爾森（Nigel Pearson）。接替他的是克勞迪奧．拉涅利（Claudio Ranieri），這位經驗豐富的義大利教練最近剛剛被解除希臘國家隊總教練的職務，在他帶領希臘國家隊的四個月裡，他們的表現糟糕。這項任命使萊斯特城成為賭博業者最看好的降級球隊之一。

此外，他們資金不足也是弱點。在《足球經濟學》（*Soccernomics*）一書中，經濟學家斯特凡．西曼斯基（Stefan Szymanski）和記者西蒙．庫柏（Simon Kuper）寫道，金錢決定著足球俱樂部八〇至九〇%的表現。[13] 在二〇一四到一五年度，萊斯特城的薪資支出為五千七百萬英鎊，倒數第三。（開支最大的俱樂部是切爾西，花費了二．一七億英鎊。）

然後劇本就變了。二〇一五到一六年，萊斯特城似乎在逆地心引力活動。在面對世界上最強、最有價值的球隊時，萊斯特城贏得了一系列令人驚歎的勝利。在萊斯特城歷史上，他們第一次贏得聯賽冠軍。五年後，再次打破重重困難，贏得了足總盃（FA cup）。萊斯特城用最戲劇化的方式解決了他們的問題。

有一個球員的職業生涯，似乎比任何人都更能代表萊斯特城驚人的逆轉：丹麥國家守門員卡斯帕．舒梅切爾（Kasper Schmeichel）。舒梅切爾是萊斯特城二〇一五到一六年賽季打破預期的重要一員。

但對這位球員本身來說，事情並沒有總是如此順利。十年前，舒梅切爾在曼徹斯特城開始了他的職業生涯。他很快就覺得自己停滯不前。他得到的機會太少了，經常被租借到達靈頓（Darlington）、福爾柯克（Falkirk）和貝里（Bury）這樣的低級別俱樂部。他非常低落，身為現代歷史上最偉大的守門員之一曼聯的彼得・舒梅切爾（Peter Schmeichel）的兒子，卡斯帕知道他有更多的潛力，但不知為何，他無法達到標準。

於是舒梅切爾做了一件極端的事：他重新規畫自己的職業生涯。在幾個賽季輾轉於不同的俱樂部之後，舒梅切爾做出了一個戲劇性的決定：「重新開始」他的職業生涯，降了三個級別進入諾茨郡（Notts County）足球俱樂部。他對我們說：「這有點像試著讓你的 WiFi 運作，但它就是不運作。你不斷地重新設定，再重新設定，但還是沒有用。你得關掉電腦重新啟動。對我來說也是一樣。我不得不重新開始我的事業。」

這種改變正是舒梅切爾所需要的。在諾茨郡時，他與父親彼得進行了一次很有影響力的對話，父親教他如何充分利用職業生涯的重新開始。他回憶道：「我曾經有一個想要贏得英超聯賽冠軍的祕密野心，但我不願意在自己的圈子以外分享這個想法。」卡斯帕告訴我們，他父親挑戰他，說：「如果你要相信它，你就應該致力於它，並告訴大家。」

卡斯帕抓住了這個機會，決定公開宣布他的目標。他說：「那時我正要回母校演講，我決定在那裡第一次公開我的抱負。我的理由是，讓自己相信某件事的能力非常重要，因為**如果你**

不相信自己，也沒有人會相信你。」

我們有必要放慢速度來看看這個方法。我們可以說，舒梅切爾的問題在於他陷入了一種啟發法偏見——對自己的能力有一種固定的認識，認為自己永遠不可能成為自己想要成為的人。因此，為了改變自己的行為，他決定重新開始。

果不其然，告訴母校的學生和老師後，在舒梅切爾心裡點燃了一團火焰。他告訴我們：「我開始強迫自己成為最好的，我想證明我是最棒的。」從那時起，就像被施了魔法一樣，舒梅切爾重新找回了自信和狀態。

二〇一一年，斯文-約蘭・艾瑞克森（Sven-Göran Eriksson）把他簽到了萊斯特城（舒梅切爾在曼城和諾茨郡時都曾在他底下效力），萊斯特城在英格蘭足球冠軍聯賽中萎靡不振。出場將近四百次後，舒梅切爾被認為是他那一代的頂級守門員之一。二〇一六年五月二日，萊斯特城第一次舉起了聯賽盃，他那重要的重置取得了成果。「我沒有證明任何人是錯的。我只是證明自己是對的。」他告訴我們。

這對我們所有人都是很好的一課。舒梅切爾職業的重新開始，暗示了我們可以如何利用創意來擺脫一成不變的生活。想像一下「重新開始」在你的生活中會是什麼樣子，想像一下像個瘋狂的科學家一樣思考。

陰陽原理

「我總是把創業比作為人父母。所以當我第一次創業的時候，它就像我的孩子，我只會盡力讓它蒸蒸日上，永遠不讓它失望。」

荷莉・塔克（Holly Tucker）對事業的熱情有很強的傳染性，即使是透過模糊的Zoom視訊，她也成功地把她對商業的無限熱情傳達到我們這裡，講述了她如何建立一間屢獲大獎、價值數百萬英鎊的公司。「Not On The High Street」從她的餐桌起家，如今市值達數百萬英鎊，並為小企業社群注入了十億英鎊。顧客來這裡購買各式各樣個性化的禮物，從手工製作的首飾到木製工具。

但當然並非總是如此順利。她告訴我們：「二十三歲時，我被診斷出腦瘤。在最初的震驚和發現是良性之後，我的第一段婚姻也岌岌可危。」當時，塔克經營著一家小公司，但很快就關掉了：「我變胖了，我剛開始做的婚禮網站也結束了。那是一段艱難的時期，我處於低谷，被迫回去做一開始那份廣告銷售諮詢工作。」

塔克的經歷為我們上了另一課，告訴我們現實問題會如何壓垮我們。不幸的事情發生了，我們遇到了挫折，從此感覺永遠不可能重新站起來。

不過塔克的故事不是這樣發展的。事情從她的筆記本開始，她告訴我們：「我總是隨身帶著一本紫色的筆記本，在上面記下我所有的創意。內容沒有什麼規則可循，就是把任何我想到的東西寫下來。」

從這些筆記中，「Not On The High Street」的想法誕生了。一開始，塔克想為自己做點什麼：「我想要有創意，所以我設計了一些聖誕花環，用的是常見的東西，比如辣椒、柳橙和肉桂棒。我有一個模糊的計畫，打算拿到週末的工藝市集上賣。」

在這個過程中，塔克發現了一個市場缺口。「我以為我家附近會有，結果沒有，所以我跟爸爸借了一筆錢自己辦了一個。」自從她第一次舉辦這個市集——任何人都可以在市集上賣自己的手工藝品——她就意識到她正在做一件好事。她告訴我們：「我們在奇斯威克（Chiswick）舉辦了第一次市集，當時氣氛非常熱鬧。就在那時，我靈光一閃。」

塔克發現市集裡大部分的小販都有一個問題：他們沒有地方賣商品。她告訴我們：「這些創意十足、才華橫溢的創作者們都很沮喪，明明有這些手工製作的、特殊精緻又漂亮的物品，也知道人們想買他們的東西……但很難讓人知道他們在哪裡。」結果，許多人都只能在困在家裡賣東西，成功的機會有限：「他們幾乎不能依靠過路客。在大多數情況下，他們只得把產品賣給朋友或一兩家當地商店，希望藉由口碑為他們帶來更多顧客。」

「這就是我可以派上用場的地方。」塔克說。她的想法很簡單：為數千名獨立賣家建立一個線上市場，提供技術、商業建議和行銷。就這樣，Not On The High Street 誕生了。如今，該公司提供來自數百家創意小企業的數百萬件原創產品，從訂製的家居用品、珠寶、婚禮配飾，應有盡有。

塔克如何解釋她生意的成功？她的答案暗示了我們解決問題的第三個關鍵方法。和舒梅切爾一樣，在某種程度上，塔克的成功在於她能夠從全新的角度看待自己的問題。塔克說：「我的天真是我最大的優點，我不知道之前已經嘗試過哪些方法，哪些有效，哪些可行或不可行。這是我的超能力。」

但塔克強調，讓她的事業快速增長的並不只是她的天真，而是她同事非常不同的思維方式，補充了這種天真。在公司發展初期，塔克曾與蘇菲・科尼希（Sophie Cornish）合作，後來成為她的聯合創始人和商業夥伴。她們互惠互利的觀點成為公司發展的關鍵。正如塔克向我們解釋的那樣：

> 我們有平衡和同時重視左右腦的能力。我是那個接受一個想法，並將它貫徹到底的人。我是那個建立野心勃勃的財務預測，闡明令人興奮的成功的人。蘇菲負責整理商業計畫，這需要做大量的研究，了解市場、客戶、現實情況，並研究出細節。

簡單地說，她們一個關注未來，另一個關注現在。塔克認為，這種方法很像中國古代的陰陽理論：「我發現，如果你努力**尋找能夠接受自己優缺點的人，他們樂於以陰陽互補的方式合作**，這是一種成功的DNA類型。」[14]她公司的成功得益於兩種不同的啟發：一種是提前規畫，一種是專注於此時此地。

許多組織心理學家都會同意這個觀點。他們說，聽取各種不同的觀點，可以提高每個人的表現。這個論點可以歸結為一個簡單的見解：偉大的人想法與眾不同。在心理學上，這種不同世界觀的廣度被稱為「認知多樣性」（cognitive diversity）。認知多樣性程度較高的團隊有更廣泛的觀點，能夠以不同的方式看待所有重要問題。通常，當他們第一次處理一個問題時，意見很少會一致。

你可能會認為這根本是一場災難，如果你們在任何事情上都不能達成意見一致，要怎麼解決問題？但科學表明情況正好相反。在《哈佛商業評論》（*Harvard Business Review*）的一項研究中，兩位學者分析了一百個不同團體在各種不同情境下的表現。他們的發現令他們震驚：**觀點越多元，團隊表現就越好**，幾乎沒有例外。正如那篇文章標題總結的：「當團隊的認知越多樣化時，解決問題的速度更快。」[15]

這怎麼可能呢？根據學者的說法，這是一個數字遊戲。你手邊的觀點越多，就越有可能偶然發現一個解決問題的方法。你可能有盲點，但與你截然不同的人可能沒有這種盲點。想想塔克，她有創造性的頭腦，但在商業學習中只拿到了D（「還是E？」），還有科尼希，她有聰穎的分析頭腦。正如塔克所說，「Not On The High Street 就是這樣誕生的：兩個女人在發展的早期就看到了硬幣的兩面。」[16] 下次當你面對棘手的問題時，不要自己解決，試著去找一個和你互補的人。

偉大的人想法與眾不同

托托・沃爾夫向那些對高效能感興趣的人提出了一些警告：「在高效能者的語言中，**最危險的一句話是：『我們一直都是這麼做的。』**」

沃爾夫應該知道。當他來到梅賽德斯時，並不是每個人都相信他的策略。首先，他取代了賽車運動歷史上最偉大的遠見者之一羅斯・布朗，那個帶領舒馬克獲得七次世界冠軍的人。其次，他甚至不是一個經驗豐富的 F1 車隊領隊，他的背景是風險投資。

然而沃爾夫證明了所有人都錯了。他的作法就是打破常規。

沃爾夫的故事驚人地普遍。這本書充滿了具有非凡視角的人，他們用這種視角來撼動事物。想想喬・馬龍在沒有記住配方的情況下，就建立了一個香水帝國，或札克・喬治在短短幾年內，就從嚴重超重的青少年轉變為 CrossFit 冠軍。

人們很容易認為，這些高效能者克服了重重困難，取得了勝利。馬龍「雖然」沒有接受過正規訓練，卻成為了世界領先的調香師；喬治「雖然」早年缺乏動力，卻成為了冠軍。

但本章暗示了相反的解釋。人們很容易認為，儘管困難重重，但高效能者還是會取得勝利。但如果這些人的成功不是「雖然」，而是「因為」他們不尋常的經歷呢？

我們已經看到，要解決一個困難的問題時，最糟糕的作法是求助於顯而易見的、經過考驗的解決方案。這是陷入啟發法陷阱，陷入你做事的老方法，無法看到大局。

真正克服問題的最好方法，是重新看待它們，建立一個全新的視角。如果安斯利沒有獨特的觀點，他絕不會相信甲骨文隊有可能取得勝利。如果舒梅切爾沒有重新開始他的職業生涯，他永遠不會成為這個國家最好的守門員之一。如果塔克擁有典型的商人背景，擁有MBA學位和癡迷於分析的專注力，她永遠不會有創建 Not On The High Street 的遠見。

這所有故事都暗示了一種解決我們最棘手問題的全新方法。如果你發現自己被困住了，最糟糕的反應就是跟著大多數人走。偉大的思想很少想法一樣，而偉大的人想法與眾不同。

課程摘要

- 當我們遇到問題時，經常使用久經考驗的捷徑來解決它們。這些「啟發法」可能很有用，但也會阻礙我們的創意。
- 有效的解決問題就是打破你的啟發法，並獲得一個靈活的觀點。
- 我們怎樣才能學會靈活思考？首先，說服自己，你遇到的難題是可以解決的。不是你做不到，而是你現在還沒做到。
- 第二，學會用全新的眼光看待事物。試著像個瘋狂的科學家一樣思考。如果你在沒有任何先入之見的情況下遇到這個問題，你會怎麼做？
- 第三，走出自我。詢問與你完全不同的人的意見——他們有不同的看法嗎？
- 最重要的是記住，以不同的方式看待事物並不是問題，而是解決方法。高效能者的做事方式與眾不同。

天賦可能是高效能的火花，
但習慣是保持火焰燃燒的東西。

第6課 不可妥協的原則

一九九七年，英格蘭橄欖球隊在世界排名第六。一切都停滯不前，儘管有很多有能力的球員，但這支球隊在十多年裡都沒有任何進步。羅浮堡大學進行的一項研究顯示，橄欖球運動員在全國最健康的運動員中排名第十五——是很後面的名次。[1]

然而，在六年內，英格蘭將舉起韋伯艾理斯盃（Webb Ellis Cup，編按：世界盃橄欖球賽的冠軍獎盃），這是比賽的高潮，他們證明自己是世界上最好的橄欖球隊。到底發生了什麼變化？

簡短的回答是：克萊夫．伍德沃德。

伍德沃德在一九九七年被任命為總教練，他不是一個普通的教練。這個人曾經把亨利省隊從地方上無足輕重的球隊帶進全國聯賽，並在比賽中取得了一系列令人驚歎的勝利。他把四面楚歌的倫敦愛爾蘭隊從破產的邊緣拉了回來。在取得這所有成就時，橄欖球還是一項業餘運動，意思就是，國際精英球員必須在比賽的要求和他們的「正職工作」之間找到平衡。

果不其然，伍德沃德的教導有變革性，英格蘭在伍德沃德帶領下，於二〇〇三年世界盃上奪冠，與六年前的那支球隊已經完全不同。

伍德沃德是怎麼做到的？乍看之下，他似乎有各式各樣的方法，從孜孜不倦的職業道德和對細節的論證關注，到從體育之外的學科中學習，那種無可匹敵的能力。但是，經過仔細觀察，球員們開始意識到伍德沃德的力量可以用一個詞來概括：一致性。

一開始，這對我們來說並不明顯。當我們坐在伍德沃德精心修剪的花園裡，請他解釋他如何讓球員發揮出最好的水準時，他出乎意料地回答道：「你怎麼定義時間？」

一陣沉默。我們兩個採訪者面面相覷，困惑不解。但是，過了一會兒，伍德沃德解釋道。這是他在早期訓練中向英格蘭隊提出的問題。它並不像聽起來的那麼深奧：

我對馬丁．強森（Martin Johnson，英格蘭世界盃冠軍隊長）對古代哲學的看法不感興趣。雖然他很聰明，但我認為他對時間的概念沒有很強烈的看法。我所知道的是，除非我們以一個團隊的身分，能夠在時間觀念上達成一致——最重要的是，關於守時的規則以及我們將如何運作——否則我們將無法像我們應該做到的那樣團結一致、發揮最大的功能和效率。

伍德沃德說，對待時間的態度至關重要。「我刻意用時間開頭，因為我相信時間比任何東西都更能說明一個人或一個群體。你怎麼能和一個不理解和不重視時間重要性的人一起工作呢？」

伍德沃德強調，這種方法不是對規則的執念。他說：「我從海軍寄宿學校逃了出來，因為我討厭那裡嚴格的校規。我沒有被賦予權力，沒有被傾聽，也沒有參與任何事情。我不覺得要對他們忠誠，也沒有歸屬感。」但是，當談到建立高效能行為時，關鍵就是要同意一系列沒得商量的行為。「這些是我們全體都要一直遵守的規則。」伍德沃德告訴我們。

伍德沃德在他的著作《勝利！》（*Winning!*，暫譯）描述了他的團隊，包括強森、勞倫斯·達拉格里奧（Lawrence Dallaglio）和傑森·倫納德（Jason Leonard）在內的世界級球員，都接受了這個訊息。他們會說「隆巴迪時間」，這表示所有與英格蘭隊有關的會面都要提前十五分鐘。「隆巴迪時間」一詞來自文斯·隆巴迪（Vince Lombardi）的名字，他曾在一九六〇年代執教威斯康辛州的綠灣包裝工隊（Green Bay Packers）。用隆巴迪的話來說：「**勝利不是一時的，而是一直以來的事情。你不會偶爾贏一次，也不是偶爾才把事情做對，你要每次都做對事情。**」[2]

這就是為什麼一致的行為如此重要。伍德沃德寫道：「像守時這樣一致的習慣，為行為設定了標準，而偏離標準會對表現產生潛在的影響。嚴格遵守時間沒有商量的餘地，這是我們的勝利文化發展過程中，一個微小但至關重要的時刻。」[3]

這就是為什麼伍德沃德會支持高效能的第六個原則：一致性。到目前為止，在本書中，我們已經了解高效能者如何為他們的行為負責並激勵自己，也談到他們如何發揮自己的優勢並有創意地行動。但如果他們不能長期保持下去，這一切都沒有用。

前英格蘭國家女子籃網球（netball，無板籃球）總教練崔西．奈維爾（Tracey Neville）曾經告訴我們，在區分優秀的俱樂部球員和國家隊球員時，一致性的力量是很大的。她說：「很多球員認為，如果他們身體狀況好，就表示他們可以參加世界盃。嗯，沒這種事。**關鍵是表現的一致性。他們有每天、每週、持續地打球嗎？**沒有這麼做的球員，也不可能參加世界盃。」

關於一致性的力量，這是很重要的一課。正是這種一致性，把一次性的高效能者變成了永遠的高效能者。正是這種一致性，把一群技術嫻熟但缺乏紀律的運動員，變成了一支贏得世界盃的球隊。正是這種一致性，讓你卓越一輩子，而不是一時而已。如果你想掌握高表現，一致性就是一切。

標誌行為

當我們詢問高效能者關於一致性的問題時，發現幾乎所有人都認為一致性很必要。我們也開始注意到，隆巴迪時間並不局限於英格蘭橄欖球隊。幾乎所有的高效能者都會提前到會面地點，並告訴我們守時是他們不會妥協的事情。

以霍伊為例。在我們見面之前，本來擔心他會找不到採訪地點，我們為採訪預定的房間隱藏在曼徹斯特北區的一條後巷裡。十二月一個陰雨的寒冷早晨，我們約定和他見面，一把結實的雨傘、一張地圖和極大的耐心都是必備品。但我們根本不需擔心。十點前十分鐘，有人輕輕地敲門，站在外面的是英國史上最偉大的奧運選手。我們感謝霍伊的準時到來。「當然，」他若無其事地回答：「不管去哪我都討厭遲到。我總是準時。」

在另一次採訪中，崔西．奈維爾對我們說了同樣的話：「我討厭遲到。」班來足球俱樂部（Burnley F.C.）的領隊桑恩．戴治（Sean Dyche）也是如此：「準時到場。每一次。沒問題。」

過了一陣子，我們想出了一個詞彙來形容這些一致的、不可妥協的習慣——「標誌行為」。標誌行為是你明確承諾的行為。當形勢變得艱辛，其他一切都崩潰了，這些標誌行為仍然存在。你對這些行為的承諾，無論在順境還是逆境中，都有助於提高表現。傑拉德對我們說：「**你想達到高效能嗎？那就承諾並投入。**」

在高效能的環境中，那些不能實踐他們的標誌行為的人經常會受到抨擊。一個特別明顯的例子來自羅伊．基恩（Roy Keane）的回憶錄，他是二〇〇〇年代曼聯亞歷克斯．佛格森（Alex Ferguson）的副手，也是一個時時刻刻都對穩定保持警惕的人。在自傳中，基恩講述了一件關於馬克・博斯尼奇（Mark Bosnich）的軼事，他是一位和藹可親的澳洲守門員，在一九九九年彼得・舒梅切爾離開俱樂部後，被請來接替他的位置。

博斯尼奇第一天訓練就遲到一個小時。基恩寫道：「我問他去了哪裡，他傻笑著說：『我在飯店過來的路上迷路了。』他笑起來就是傻傻的。『滾。』我冷笑……『你他媽在曼聯的第一天，訓練就遲到了一個小時。』」[4]他解釋說，六年前他也曾被安排住在博斯尼奇住的飯店裡，但他意識到守時的重要性，所以提前一個小時去參加訓練。

但守時並不是唯一沒有商量餘地的。在Podcast節目中，菲爾・奈維爾回憶在曼聯時，在佛格森底下的經驗。他說佛格森強調對小習慣的堅持投入，比方說穿著。他告訴我們：「佛格森爵士是個堅持不懈的人，他去訓練的路上絕不會穿牛仔褲。」原因是什麼？這種小小的標誌行為（穿著得體），顯示更大、更重要的特徵，比如自尊和專業精神。「從你走進訓練場的那一刻起，你的言行舉止就要像個曼聯球員。」奈維爾這樣評價佛格森。「每個人都穿襯衫打領帶。這就是曼聯穿西裝外套的原因，這是對簡單事物的重視。」

培養微小的、不可妥協的習慣，這種方法似乎毫無相關，甚至微不足道。但科學明確指出：標誌行為是高效能的關鍵因素。事實上，建立一致行為的能力，比我們設定的任何其他目標都更重要。

在一項有趣的研究中，研究人員探索是什麼造就高效能的組織。他們研究了六家公司，特別關注是什麼讓團隊表現出高水準。他們想知道，最優秀的組織有什麼共同點？

一開始，得到的結果是一團糟。事實上，所有團隊無論好壞，從外在條件看起來都相當相似。最值得注意的是，大多數團隊都確定了一套明確的目標：每家公司中八九%的頂尖團隊和八六%的倒數三分之一團隊，都有很明確的目標。因此，僅靠策略思考並不是一條通往成功的道路。

但就在這時，研究人員突然意識到，表現優異的團隊確實採取了不同的作法——他們制定目標的方法與其他團隊不同。他們設定的目標不是與結果有關的目標（達到銷售目標或贏得客戶），而是與行為有關的目標，比如準時上班或穿著得體。如果一個團隊的目標是表現出一套一致的行為，它就會更有可能表現良好。這種差異令人震驚：排名前三分之一的團隊中，有八九%設定了行為目標，而排名後三分之一的團隊中，只有三三%設定行為目標。[5]研究得出的結論是，不可妥協是通往卓越的道路。

我們的許多高效能者都憑直覺做到了這一點。標誌行為是通往成功之路。正如英國橄欖球聯盟球隊的總教練尚恩・韋恩所說：「取勝的唯一途徑是堅持不懈。一致的資訊、一致的行為和一致的後果。」

高效能維修站 *High Performance Pit Stop*

中場思考

伍德沃德在他的《如何取勝》（*How to Win*，暫譯）書中，分享了他用來集中團隊注意力的一個標誌行為。[6] 每場比賽中場休息時，他都會要求球員們把全部注意力放在一個簡單的儀式上，包括穿上新球衣，思考什麼進行得很順利（什麼不順利）。這個例行儀式很簡單：

〇～二分鐘

絕對的沉默／思考表現／穿上新設備

二～五分鐘

教練分析／補充食物與水

五～八分鐘

教練最後吩咐

八～十分鐘

絕對沉默／想像開球

伍德沃德認為，這種儀式是在中場休息時進入正確心態的關鍵方法——這也是沒得商量的。

你可以在自己的生活中使用伍德沃德的中場思考法。試著想想你一天中的休息時間，例如，當你從辦公桌前站起來去喝咖啡的時候，能否透過發展類似的儀式，有建設性地利用這段時間？在這天接下來的時間裡，你需要關注哪些事情，你能列出它們嗎？

試著填寫下面的空格：

一～二分鐘

行為：

二～三分鐘

行為：

三～四分鐘

行為：

學習你的標誌行為

在所有高效能的受訪者中，尚恩・韋恩的人生起步最艱難。在韋恩的整個童年時期，父親經常對他進行殘酷的體罰，讓他希望自己死掉。學校老師們很少見到他，即使見到，他的行為也很糟糕。「我沒有任何美好的回憶，只有痛苦的回憶。」韋恩告訴我們他的童年。

他十五歲時，所有事情終於到了盡頭。多年不斷升級的不當行為，韋恩打了一通炸彈恐嚇電話給學校。他幾乎是立刻被逮到。「我回到家，我爸爸差點殺了我。」他後來回憶道：「我想『我真的會死在這裡，所以我得離開。』我走出家門，身上穿著一件破T恤，沒穿鞋子，從此再也沒回去過。我無處可去。」[7]

所以，當我們邀請韋恩來上Podcast時，對他如何成為一名高效能者，真的非常好奇。對許多人來說，這樣的人生開端是無法克服的，就算韋恩再也沒有走上正軌，也沒有人能責怪他。然而，不知怎麼的，韋恩成為一名受人尊敬的球員，後來還成為近代橄欖球聯盟史上最偉大的教練之一。

在一九八〇年代和九〇年代初，韋恩為所向無敵的維岡勇士隊（Wigan Warriors）打了一百四十九場比賽，並兩次代表英國出戰。在為維岡效力了八年之後，他莫名其妙地被告知，他在俱樂部的日子已經結束了。那是個很不愉快的時刻，他告訴我們：「我完全不知道為什麼，沒有人曾告訴我哪裡要改進，也沒有人告訴我他們為什麼考慮換掉我。」但韋恩才剛剛開始。他在里茲（Leeds）繼續他的職業生涯，最終回到了他兒時的俱樂部，先是做為球探，然後是初級教練。在獲得帶領勇士隊的機會後，他帶領勇士隊在二〇一三年、二〇一六年和二〇一八年贏得了超級聯賽決賽。從二〇一一年到二〇一八年，他是這項運動歷史上獲得榮譽最多的教練。二〇二〇年，他被任命為英格蘭隊總教練。

他怎麼改變自己的生活的？韋恩認為是一些力量造成的。首先，是他的青梅竹馬也是現在的太太，洛琳。「她對我的影響很大。」他用特有的輕描淡寫語調告訴我們。韋恩離家後，是洛琳的父母收留了他。「認識洛琳，和她的父母住在一起，這個改變是我人生真正的開始，幫助我成為一個好爸爸和好教練。」

其次，是他的決心——最重要的，就是不願成為他父親那樣的人的決心。「我記得我八歲、九歲、十歲躺在床上時，總是希望我已經死了。然後我想，如果我有孩子，我絕對不會讓他們有這種感覺。」我們問韋恩，他當教練時的同情心，是否是違抗父親虐待的一種反應。他告訴我們：「有可能，我非常想要與人坦誠相待……我非常、非常希望球員們在訓練結束後能開懷大笑。」

但我們最感興趣的，是韋恩對標誌行為的強調。或許，與其他高效能的受訪者相比，韋恩把自己的成功歸功於簡單、重複、一致的行為。正是這些東西使他成為一名偉大的球員，一名舉世矚目的教練，而且，最重要的是，他是一個比他父親更好的人。「有一些原則是我不會屈從的，」韋恩告訴我們他的教練風格：「這些都沒有商量餘地：你的行為、你的標準，以及你打球的細節。」

在這方面，韋恩和我們見過的其他高效能者一樣。但韋恩並不只是抽象地談論這些不可妥協的問題。從他的字裡行間，我們可以看出，他制定了一套異常清晰的標準，來確定「不可妥協」應該是什麼。所以我們都可以用韋恩的方法來找到我們自己的標誌行為。

第一個原則是最直接的：簡單。韋恩指出，有太多追求高表現的個人和團隊，會被毫無相關、甚至無足輕重的細節弄得心煩意亂。他說，他們想要能贏得歡呼喝采的華麗表演，但這是很危險的策略。如果你想成為一個高效能者，你必須專注於最基本的成功基石。「多年來我學到的是，**一個組織越強大，他們就越會把真正簡單、基本的事情做好。**」他告訴我們。

像什麼事呢？我們問。「對於橄欖球隊來說，就是你的基本技巧：接球、傳球、接觸。這些都是非常簡單的基礎……對於英格蘭來說，我希望他們把簡單的事情做得非常非常純熟。」這是一種我們都可以借鑑的方法。如果你將你所選擇的領域精鍊到最基本的成分，你會得到什麼？一旦你剔除了所有的複雜策略和抽象理論，許多職業都可以簡化為幾個核心習慣。對於電視直播主持人來說，最重要的是知道如何遵守時間表；對於教練來說，則是要保持紀律。在你的生活中，這樣的事情是什麼？

好標誌行為的第二個原則同樣優雅：有效。尤其是**在壓力下發揮作用**。韋恩認為，最重要的行為，是那些在緊張時刻最要緊的行為。我們可以透過這個問題來制定我們的標誌行為：當情況變得艱難時，什麼能帶來改變？他指出，高風險比賽的失敗，是因為球員在壓力下崩潰了，忘記了這項運動最基本的元素。他告訴我們：「你看那些比賽、測試賽、世界盃決賽，球隊會把球傳丟。這些很單純就是核心技術失誤。所以別跟我說這不重要。」

當壓力來襲時，除了最基本的行為外，一切都會被拋到九霄雲外。因此，關鍵在於弄清楚，這些時刻，什麼樣的標誌行為能產生影響。想像你生活中有壓力的情況：重要的推銷會議、工作面試，甚至是第一次約會。什麼樣的行為會決定成功與失敗？你的姿勢嗎？你說話的語氣？試著弄清楚在這些壓力之下，什麼是最重要的，然後在沒有壓力的時候拚命練習。

最後，韋恩強調了行為要盡可能明確的必要性：簡而言之，就是清晰。韋恩表示，團隊往往會因為模糊和軟弱的行為而偏離軌道。你是否曾經在這樣的公司工作過，執行長總喜歡說一些模糊、官腔的廢話，像是「協同作用」、「意向性」和「天馬行空的思考」？韋恩採取了相反的方法。你必須讓你的行為目標非常明確。當我們問他是如何在團隊中實現高效能時，他說：「我覺得這很容易。只要非常、**非常清楚你想要什麼**。」標誌行為都是為了清晰。

但怎麼做呢？韋恩建議，訣竅在於明確地說出——並重複——你正在尋找的關鍵行為。他說：「把所有的資訊都告訴大家。你要確保球員們理解你的標準和在場下的行為，在比賽中也是如此。」這對個人和團隊都是如此。當你徹底了解自己的標準時，更有可能徹底遵守它們。讓你的標誌行為盡量詳細確實，試著把它們寫下來，並且釘在你床邊或桌子上方的牆上。你的標誌行為應該經常出現在你的腦海中。它們是簡單、關鍵、明確的規則，規定了你要做什麼，以及你是誰。

觸發點

然而，認識一種行為和實際執行它之間有很大的區別。這就是習慣派上用場之處。天賦可能是高效能的火花，但習慣才能讓火焰持續燃燒。

習慣是你不假思索就會重複的行為。你可能知道你有很多習慣：刷牙，晚上七點吃晚飯，親吻孩子說晚安。還有一些你可能根本沒有注意到的習慣。如果你總是在上班途中和公車司機打招呼，那是一種習慣。如果你在工作中經過飲水機，就會停下來喝杯茶，那也是一種習慣。習慣無所不在。

習慣的價值在於它們是自動進行的，你仍然在控制之中，只是處於自動駕駛狀態。這就是所有標誌行為的最終目標。正如韋恩所強調的，建立不可妥協原則的第一步是明確你的標準，並把它們放在你頭腦的最前面。然而，這些標準最終會變得根深柢固，你會不假思索地去執行它們。

我們如何建立這種不假思索的堅持？首先，我們必須了解當我們陷入（或擺脫）一個習慣時，會發生什麼事。暢銷書《為什麼我們這樣生活，那樣工作》（*The Power of Habit*）的作者查爾斯·杜希格（Charles Duhigg）認為，習慣的科學很簡單。這是一個由提示、慣性行為和獎酬組成的迴圈。[8]

假設你在家工作。每天下午兩點半，你就去廚房去拿一塊餅乾。這種行為模式很快就會顯現在你的腰圍上。這是怎麼回事？根據杜希格的理論，有三個步驟。提示：你看到現在是下午兩點半，或你下午開始感到飢餓。慣性行為：走進廚房，打開餅乾罐。獎酬：口中巧克力的香甜美味。整個過程是一個永無休止的迴圈：因為美味的獎酬，你未來會更有可能受到提示，如此循環下去。

但不要害怕：壞習慣的迴圈並非不可避免。一旦你理解了習慣的科學，建立良好行為和根除不良行為就變得比較容易了。關鍵是要駭進習慣的迴圈，尤其是操縱迴圈中的「提示」階段。

為了探究這個過程的實際情況，讓我們轉向紐約大學心理學教授彼得·戈爾維策（Peter Gollwitzer）的研究[9]。戈爾維策一直對人如何建立一致的行為很感興趣，尤其是我們說的目標（停止吃餅乾）和我們的實際行為（多吃餅乾）之間經常脫節。

在他最著名的一項研究中，戈爾維策和他的同事維若妮卡·布蘭斯塔特（Veronika

Brandstätter）測試人們何時以及如何實現目標。他們告訴一組學生，如果他們寫一篇關於他們如何度過平安夜的文章，就可以獲得額外加分。你可能會認為這很簡單。但是，和大多數這樣的實驗一樣，有一個條件：論文必須在十二月二十六日之前交。

最後，只有三分之一的學生交了這篇文章。其實還好，畢竟是聖誕節。但戈爾維策比較感興趣的是，哪些學生確實交了作業。並不是所有學生都收到相同的指示。有些人只收到一個模糊的要求：「寫一篇文章」，而另一些人則要做一些更具體的事情，像是在接到任務後，他們被要求必須準確注明，將在何時何地寫這篇文章：例如：「我會在聖誕節早上的廚房餐桌上，在其他人都還沒有醒來之前寫這篇文章。」

結果相當驚人。在計畫好何時何地寫報告的學生中，有四分之三的人最終交出了文章，是平均人數的兩倍。

戈爾維策和布蘭斯塔特為這些提示取了一個不太吸引人的名字：「執行意向」（implementation intentions）。它們通常用另一個名字——行動觸發點（action triggers）。行動觸發點是指你承諾在設定的時間做某件事。在實際行動中，表示要使用這樣的公式：「**當我做X時，我也會做Y**。」

行動觸發點的天才之處在於，如果使用得當，它們就可以駭入習慣迴圈的「提示」階段。當戈爾維策的學生們聖誕節早晨坐在早餐桌旁時，他們突然想起了他們有一篇文章要寫，桌子本身成了提示。它是一個強大的工具，遠遠超出寫文章的範圍。想想下面的例子：

當我吃早餐的時候，我會寫文章。
當我去商店的時候，我會去健身房。

透過設定正確的行動觸發點，你可以在一天當中建立新的行為。更強大的是，只要稍加調整，這些行動觸發點就可以連結在一起，這個過程被行為改變專家詹姆斯・克利爾（James Clear）稱為「堆疊習慣」（habit stacking）。[10]試試「我做完X之後，我會做Y」這個公式。

我起床後，我會吃一塊水果做為早餐。
早餐吃了一塊水果後，我會刷牙。
刷完牙後，我會去健身房。

使用這種方法，每天的一個提示——早上醒來——就可以轉化為一整天的積極行動。習慣有自己的動力。一個小小的決定會產生良好行為的連鎖反應。

我們的許多高效能者就是這樣使用動作觸發點。他們將積極的行為提示融入到自己的生活中。藉由找到正確的觸發點，他們創造了一種讓標誌行為自然發生的文化。

崔西・奈維爾在英格蘭國家女子籃網球隊的工作，就是一個很好的例子。崔西當上教練後，她下了一道命令：更衣室很重要。在許多運動團隊中，更衣室被認為是球員的私人領地，因此，很自然地，它看起來像洗衣房爆炸的原點。但崔西認為，球員在穿衣服時的行為是一個經典的行動觸發點。如果她們在更衣室裡沒有紀律，在球場上也會沒有紀律。

她從加州大學洛杉磯分校的籃球教練約翰・伍登（John Wooden）那裡獲得了靈感。伍登對球員的衣著，甚至襪子的穿法都有很強勢的看法。「現在用你的手繞著小趾區域……確定沒有皺褶，然後把它拉起來。」伍登會說：「檢查腳後跟區域。我們不希望它有任何皺褶的跡象……那些皺褶肯定會讓你起水泡，而水泡會讓你失去比賽時間。」[11] 伍登的觀點是，穿著得體會引發連鎖反應，從而引導球場上的紀律。

襪子是一個行動觸發點。崔西的置物櫃也一樣。在她的球員時代，她改變了一個提示：在你離開更衣室之前，整理好你的置物櫃。這會繼續引導每天數十種其他積極的行為暗示。這種習慣迴圈仍在繼續著。

或以韋恩為例。他告訴我們，他會固定在早上七點召開會議，特別表揚那些早到的球員。在這個過程中，他引發了連鎖反應。他的球員們會知道，早點睡覺是引起老闆注意的最好方法。這樣一來又導能致更好的紀律：他們對晚上的活動採取更嚴格的態度，他們發現自己會比較常考慮第二天的事情，準備把自己的一切都獻給俱樂部。這種習慣迴圈仍在繼續著。

我們可以在自己的生活中使用這種方法。假設你的標誌行為是在工作時從不查看Instagram。試著在早晨的早些時候找到一個觸發點，這樣可以把分心的可能性降到最低。在我到達辦公桌後，我會登出所有的社群媒體；我登出社群媒體後，我會把手機調成靜音。這些小小的行為提示，可以幫助我們長期遵循標誌行為。

高效能維修站 *High Performance Pit Stop*

陰影和光

達米安

當你致力於一種標誌行為時，要百分之百地投入。是的，在那些備受矚目、壓力極大的時刻練習這種行為：當你在重要的會議上，或試圖贏得一場比賽時。但當你一個人，沒有壓力，沒有人注意的時候，也要練習標誌行為。

為什麼？好吧，就像我有時對我訓練的運動員說的那樣：在陰影裡做的事，會在光明中顯現出來。如果你醒著的每一刻，都在排練你的標誌行為，無論在工作還是家裡、在同事和家人面前都一樣，那麼你就會不假思索地去做它。即使你把自己逼到極限。

即使你承受著難以想像的壓力。

如果我們把標誌行為當作休閒活動，會怎麼樣呢？我訓練的一個拳擊手吃了不少苦頭才明白。他年輕、自信、才華橫溢，有著閃電般的反應，靈活的動作和犀利的出擊。他最大的缺點是什麼？他缺乏承諾投入。他沒有每天早上起來跑步而是睡覺。他不會確保自己準時去訓練，而是晚了半小時才起床。他知道他的標誌行為應該是什麼樣子，但他不在乎。

因為他的天賦，所以通常這些事似乎不太要緊。一旦進入拳擊館，他就會認真執行自己的標誌行為。他還是可以打敗他的陪練對手，他的速度還是超過了所有和他一起訓練的人。

直到，突然之間，它變得很重要。我們這位年輕的拳擊手天生的技術，使他得以和一個比較有經驗（但也許沒有那麼有天賦）的對手競爭冠軍頭銜。在前六回合的比賽中，我方拳擊手的高超能力使他取得了領先優勢。

但他的對手很堅定，而且他知道最後六回合需要不同的技能。隨著兩人越來越累，天賦變得不那麼重要了，重要的是毅力、決心和承諾。勝利者是那些在痛苦中堅持下去的人。

比賽結束之後，我的拳擊手告訴我他當時在想什麼。他開始在記憶中尋找他承諾的證據——那些他比其他人更有韌性，證明他能夠忍受艱難困苦的時刻。然而，他的尋找只是徒勞，所以他慌了，他失去了獲勝的意志，發現自己只是在掙扎求生。這場戰鬥他輸了。

這說明了一致性的必要性。你的標誌行為可不能只是一份兼職工作。你必須每分鐘、每小時、每一天都投入其中。在陰影裡做的事，會在光明中顯現出來。

你的高效能身分認同

二○○○年，里奧・費迪南德（Rio Ferdinand）的職業生涯停滯不前。每個人都認為他有潛力成為這個國家最偉大的中後衛之一，但每個人都能看到他沒有達到這個目標。

問題是他無法集中注意力。費迪南德在高效能 Podcast 中談到自己在西漢姆聯踢球的時代，他說：「我發現倫敦的燈火輝煌和夜店的邀請實在難以拒絕。」在這段時間裡，他的狀態出現了他沒有發現的變化，最終以令人失望的結果告終，他被排除在參加二○○○年歐洲盃的英格蘭名單之外。

這個震撼彈是一個驚人轉變的開始。費迪南德告訴我們：「這是一個警鐘。」於是他做出了一個激進的決定：從西漢姆聯轉會到里茲聯。費迪南德希望這次轉會是一個開始：他從高潛力球員轉變為高效能球員。

他問里茲聯的總教練大衛．奧利里（David O'Leary），他做錯了什麼，以及他應該改做什麼：「我問總教練：『你能怎麼幫助我進步，成為菁英足球運動員？』」

奧利里帶著一長串清單回來給他。他要求費迪南德重新思考比賽，思考他自己和他的對手。首先，讓人分心的事情必須停止——不要再去夜店了。另一方面，他需要改變他看待足球的方式。費迪南德告訴我們：「**我必須帶著正確的心態、準備好並集中注意力去參加比賽**。我必須尊重我的對手。**我不能指望自己的注意力能像燈泡一樣自由開關**。」

最重要的是，費迪南德必須開始認真對待足球：「我突然明白了：這是很嚴肅的工作，我必須確保一切都在正軌上。」其餘的都是歷史了，總之費迪南德的狀態變了。二〇〇一年，他成為里茲聯的隊長；二〇〇二年，他以破紀錄的三千萬英鎊轉會費轉到曼聯。在接下來的十年裡，他從不曾錯失英格蘭的徵召。

費迪南德的故事巧妙地總結了建立一致、高效能行為的第三步。

到目前為止，我們已經探索了如何找到你的標誌行為，以及一些巧妙的方法把它們變成習慣。但這些方法只是短期的解決方案。如果我們真的想要建立長期一致的行為，最需要做的，就是改變我們對自己的認識。

你看，費迪南德的問題不在於他不確定自己的標誌行為，甚至不是因為他被錯誤的提示包圍（雖然那些夜店沒什麼幫助），而是因為他不認為自己是個菁英球員。沒有世界一流運動員的認同感，自然不太可能成為這樣的運動員。

心理學家長期以來都認為，保持高效能的途徑是轉變你的身分。用克利爾的暢銷書《原子習慣》（*Atomic Habits*）中的話說，「身分的改變是改變習慣的北極星。」[12]如果你不認為自己是個高效能者，你就永遠不會表現得像個高效能者。

假設你看到櫃子裡有一塊餅乾，有想吃的衝動。當你與你的本能搏鬥時，你的潛意識在思考一個艱難的問題：「我是什麼樣的人？」你是那種會吃餅乾的人嗎？你是一個善於抵抗衝動的人嗎？你是一個會對自己健康負責的人嗎？在費迪南德的案例中，問題是一樣的，只不過答案不同。他的潛意識問他：「我是什麼樣的人？」答案應該是：「那種把運動看得比其他一切都重要的人。」

為了理解身分認同為何如此重要，讓我們來看看史丹佛大學政治學教授詹姆斯．馬奇（James March）的研究。[13]從職業生涯早期開始，馬奇就對那些投票反對自身利益的人特別感興趣：投票支持增稅的百萬富翁，或投票支持削減福利的領取救濟金者。他總結道，選民遠不及我們想像的那麼「理性」。

這促使馬奇發展出一項關於人們如何做決策的新理論。在奇普和丹．希斯（Chip and Dan Heath）關於行為改變的著作《學會改變》（*Switch*）中亦有描述。[14]馬奇認為，我們通常認為人們是根據結果來做決定的，他稱之為「後果模型」。意思是我們要做決定時，會在心裡計算所有選項的成本和收益，然後做出能增加我們整體滿意度的選擇。也就是說人應該是以冷靜、理性、分析的方式進行選擇。

但馬奇說，這種推理模式其實並不像你想像的那麼普遍。事實上，他說，我們通常是使用「身分模型」來做選擇。在這種模式下，我們藉由問自己三個問題來做決定：我是誰？這是什麼情況？像我這樣的人在這種情況下會怎麼做？**身分是關鍵，你對自己是誰的感覺決定了你會做什麼**。當我們處於這種模式時，我們可能不會嚴格理性地行事。如果你是百萬富翁，但你認為自己是一個有同情心、慷慨的人，你便很容易投票支持增稅。

馬奇認為，從長遠來看，身分是更強大的力量，會左右我們的決定。如果我們認為自己是某種類型的人，我們所做的決定就會與這種身分一致。這是通往高效能之旅的重要一課。如果你想建立長期的標誌行為，你就得改變你是誰的觀念。

我們可以從凱利・瓊斯（Kelly Jones）的職業生涯來了解這個過程。當我們坐下來與瓊斯交談時，他解釋了自己如何成為一名音樂家。瓊斯是創作型歌手，嗓音沙啞，是搖滾樂隊「立體音響」的主唱。正是這種身分的力量，讓他在任何情況下都能堅持自己的標誌行為。

與許多有創意的人一樣，瓊斯從小就認為自己是藝術家。甚至在他還是個孩子的時候，他就不只是會演奏音樂的人。他是個音樂家。「我最早的記憶，是編一些我知道不是從別人那裡聽來的小旋律。」他告訴我們：「那時我大概八、九歲。」隨著童年時光的流逝，他對自己是藝術家的感覺越來越強烈：

大概十二歲的時候，我有了一把吉他，開始在一個樂隊裡演奏，在街道盡頭的工人俱樂部裡表演。我們會翻唱范．海倫（Van Halen）或老鷹樂團（Eagles）的歌曲，有時我們會在兩首非常流行的歌曲之間，插入一首我們自己的歌，看看反應怎麼樣。

在我們的採訪過程中可以明顯看出，瓊斯對音樂家這個身分的認同，在他工作生涯中最艱難的時刻幫助了他。他的職業生涯達到了驚人的高度：銷售量一千萬張，七張英國冠軍專輯，二十三個白金銷量獎項，五次全英音樂獎提名和一次全英音樂獎獲獎。但事情並非一直如此順利。多年來，瓊斯與他的團隊發生過衝突，多次改變自己的音樂方向，甚至被告知立體音響搖滾樂團（Stereophonics）再也不會有熱門專輯了。在每一個階段，他對自己是誰的自信，他對音樂家這身分的認同，都幫助他堅持下去。

例如，他告訴我們，他在二〇〇五年接到了鮑伯．格爾多夫（Bob Geldof）的電話。這位搖滾明星想讓立體音響在現場八方（Live 8）活動上表演。這是幾十年來世界上最大的一場音樂會，旨在呼籲對全球貧困採取行動。瓊斯告訴我們：「我馬上就接受了。我太興奮了。」但有個問題，瓊斯的團隊不想做這件事，因為格爾多夫給瓊斯一些棘手的後勤作業要求，包括要在七分鐘內安裝好設備。「我的團員告訴我：『我們做不到，這對我們來說根本不可能，我們不能表演了。』」

瓊斯做了什麼？他回到了音樂家的身分上。我是誰？這是什麼情況？像我這樣的人在這種情況下會怎麼做？瓊斯知道，一個世界級的藝術家不會讓後勤作業成為他們的障礙，所以他決定自己也是如此。他告訴我們：「我能做到。我花了這麼多年時間精進自己的技巧，不會因為我的團隊而錯過這個千載難逢的機會。」於是他們還是演出了，只是沒有使用立體音響通常使用的全套設備。瓊斯知道，如果他真的想成為一個具有時代意義的音樂家，他就必須勇往直前，不管他的團隊怎麼說。他告訴我們：「我知道，我必須進入下一個沒有他們的階段。」

又有一次，瓊斯發現自己的聲帶上長了一個腫塊。他去找醫生檢查，結果發現他得了「一次性創傷性息肉」，可能是由於嚴重咳嗽或在人群中大喊大叫造成的。他必須動手術。瓊斯告訴我們：「我進去後，他們把它取出來，然後我去威爾斯休養。」恢復過程非常艱難。「我大概有三天無法說話，接著大概能說兩分鐘，然後五分鐘……這是一個非常奇怪的過程。」最糟糕的是，他發現自己沒辦法唱歌。

瓊斯是怎麼熬過來的？他回到自己的身分。我是誰？這是什麼情況？像我這樣的人在這種情況下會怎麼做？如果瓊斯是個真正的音樂家，他會做任何事情來找回使他成為今天的他的技能。於是他就這樣做了。瓊斯告訴我們：「我必須經歷這些非常緩慢的過程，並努力恢復力量。外科醫生讓我和約書亞（Joshua，一位聲樂教練）聯絡，然後我開始重新學習如何唱歌。」果然，隨著時間推移，他的聲音恢復了。

瓊斯是身分力量的顯著實例。一旦我們把某種行為視為我們本性的一部分，它就會讓我們堅持下去，不管生活給我們什麼難題。瓊斯的標誌行為——每天唱歌、每週寫歌——完全融入了他的自我意識，所以他不需要考慮到底要不要做，也不需要任何外界的認可才努力做這些事。瓊斯在談到自己的音樂時說：「我真的不在乎別人是否感興趣，或是否喜歡。我只是想把它演奏出來。」音樂就是他這個人。

我們都可以從瓊斯的例子中學習。如果你真心想要建立一種長期的行為，盡量不要將它視為一次性的選擇，用這一系列的問題，界定你想成為什麼樣的人。我是誰？這是什麼情況？像我這樣的人在這種情況下會怎麼做？

不要錯過兩次

「從他們起床到吃早餐的那一刻。他們在去訓練的路上，在車裡要喝的水，隨時補充水分……他們進入訓練場，從不遲到。他們穿著合適的衣服。這就是一致性。」

菲爾．奈維爾給出了關於高效能，我們聽過最激動人心的描述之一。他的世界觀強調一個高於一切的原則：一致性。或者，用奈維爾自己的話說：「做正確的事。每天的每分鐘都是。」

在我們的高效能者中，奈維爾對一致性的強調最為明確。但他並不是唯一提到這一點的人。正如我們在本章中看到的，從自行車手到籃網球隊教練，從橄欖球聯盟領隊到搖滾巨星，高效能者都知道承諾的力量。他們告訴我們找出標誌行為的必要性，向我們講述他們是如何投入其中，描述他們一遍又一遍地練習——從早到晚，在家和工作時。

然而還有一個問題。你可能會想：如果我真的失誤了怎麼辦？我們的許多高效能者也注意到了這個問題。當然，他們強調一致性的必要性。但他們也承認，沒有人能一直保持一致。我們都是人。就連奈維爾也是。

在 Podcast 節目的最後，我們會問受訪者一個簡單的問題：你對自己最大的失敗是什麼反應？答案總是令人著迷。帆船好手安斯利告訴我們，他在腦中回顧那次失敗，盡量不再重蹈覆轍。曼聯教頭索爾斯克亞說，失敗總是激勵他去做一些事情。足球球星蘭帕德給出了最有趣的答案：「你想選我的哪一次失敗？」

事實是，每個人都有失敗的時候，即使是世界上最偉大的運動員和企業家。你也許有一天會遲到，可能會錯過你說過要參加的培訓課程，意外總會發生。

高效能並不代表永不失敗。重要的是你如何應對第一次失敗。

我們之前提到的習慣專家克利爾有一條簡單的格言，可以用來應對這些不可避免、偶爾出現的失誤：「絕不要錯過兩次。」[15]他認為，一次戒掉一個習慣並不是世界末日，也不會影響你的長期行為。訣竅是立即回到正軌。

因此，高效能者希望這些失誤成為一個逗號，而不是一個句號。錯誤給我們提供了暫停、反思和重新嘗試的機會。讓你崩潰的不是一次失敗，而是兩次、三次，甚至四次失敗。正如克利爾所說，「一個錯誤只是異常值。兩個錯誤是模式的開始。」這是關於一致性的最後一課。如果你發現自己的標誌行為犯了錯誤，試著不要驚慌——只是不要第二次犯錯。

在你高效能之旅的過程中，對你的標誌行為的承諾將受到極限的考驗。有時候，你可能達不到他們的要求。又不是世界末日。但如果你確實犯了錯，你有責任重新振作起來。不要再遲到了。不要錯過第二次訓練。絕不要失手兩次。

課程摘要

- 高效能者始終如一。他們有一些不可動搖的標誌行為，並且他們堅持這些行為。
- 要找到你的標誌行為，記住韋恩的公式：它們應該簡單，應該在壓力下有效作用，應該清晰。
- 要使你的標誌行為發揮作用，把它們變成習慣——在你的環境中建立行為線索（或「行動觸發點」）。
- 為了讓你的標誌行為持久，把它們融入你的身分。想像一個理想的自己，問問自己：這個身分的人在這種情況下會怎麼做？
- 最重要的是，記住這個簡單的格言：永遠不要錯過兩次。是的，有時候你的習慣可能會改變。但如果高效能者錯過了一天，他們就不會錯過一秒。

第3部

高效能團隊

沒有人是靠自己成功或失敗的，
我們是做為一個群體成功或失敗。
團隊需要領導。

第7課 領導團隊

「自從我活著以來，我從來沒有見過南非是這樣的。」

這是二〇一九年在日本舉行的橄欖球世界盃，獲勝的跳羚隊隊長錫亞·科里西（Siya Kolisi）在決賽擊敗英格蘭隊後不久，在球場上發表了談話。此前八十分鐘，他的球隊有條不紊地摧毀了英格蘭奪冠的希望。現在，橫濱國際體育場安靜了下來，觀眾席上的觀眾被這位有魔力的南非領導人的談話所吸引：「我們真的感謝所有支持：酒館裡的人、酒吧裡的人、農場裡的人、無家可歸的人……我們愛你，南非，如果我們團結一致，我們可以實現任何目標。」[1]

在過去的十八個月裡，科里西帶領南非橄欖球隊度過史上最不平凡的時期之一。二〇一八年三月，拉西·伊拉斯莫斯（Rassie Erasmus）被任命為總教練時，球隊陷入了混亂，此前的二十五場測試賽只贏了十一場。才一年後，他們的隊長就舉起了韋伯艾理斯盃。

然而，更值得注意的是科里西做為隊長所代表的意義。長期以來，橄欖球一直是種族隔離的有毒遺產象徵。在一九九〇年代中期，種族隔離結束之前，跳羚隊一直都是一支完全由白人組成的球隊。即使在種族隔離制度結束後的幾年裡，橄欖球仍然主要是一項白人運動，甚至在南非首位黑人總統納爾遜·曼德拉（Nelson Mandela），在一九九五年南非世界盃上，將獎盃頒發給主隊之後也是如此。儘管人們都在談論後種族隔離時代的「彩虹之國」（Rainbow Nation，編按：比喻南非結束種族隔離時代，成為不同種族的人們都能和平共處的國度），但一九九五年的冠軍球隊先發陣容中只有一名黑人球員，這很難代表一個黑人占八〇％、白人只占一〇％的國家。幾年後，在一九九九年世界盃開賽前三個月，南非對戰威爾斯，先發陣容全是白人。

改變會到來，但需要時間。一九九九年，南非總統塔博·姆貝基（Thabo Mbeki）宣布一九九九年的跳羚隊將是最後一支全是白人的球隊。到二〇〇七年，贏得世界盃的球隊有兩名有色人種球員。二〇一七年，時任該俱樂部橄欖球總教練的伊拉斯莫斯宣布，他打算扭轉局面。在他上任六個月後，任命科里西為隊長，這是該球隊一百三十年歷史上首位黑人隊長。

當我們在高效能 Podcast 上與科里西坐下來交談時，顯然他具備了領導者應該具備的一切：有魅力、專一，以及把人們聚集在一起的獨特技巧，這對於一個有著糟糕歷史的球隊來說尤其重要。

但他的領導之路卻非如此。一九九〇年代，科里西在伊莉莎白港的一個叫日瑞得（Zwide）

的小鎮長大，有一天科里西會帶領他的國家隊取得勝利的想法在當時似乎是天方夜譚。他和奶奶、叔叔、阿姨以及他們的兩個孩子住在一間房子裡。「當我在鎮上，我奶奶還活著的時候，我沒有想像過，也沒有想到我能挺過去。」他告訴我們。

他的童年並沒有不幸：「我活在當下，我在經濟上很困難，我無法獲得食物和所有東西。但我很富有。我愛我的奶奶……這就是我當時所需要的。」不過，這從來都不容易。「我要吃飯，我就有飯吃，你知道嗎？我只專注於我所擁有的，盡我所能地使用。」

從很小的時候起，科里西就很明顯有非凡的天賦。十歲時，他參加一場兒童橄欖球比賽。附近艾森格尼小學的校長艾瑞克·松維奇（Eric Songwiqi）正在觀看。他邀請科里西搬到他的學校，科里西在那裡做兼職橄欖球教練。不久後，科里西獲得了格雷高中的全額橄欖球獎學金，這是南非最負盛名的寄宿學校之一。

這種新環境具有挑戰性。科里西說科薩語（Xhosa），但這些課程是用英語授課的。科里西周圍的特權學生生活與他截然不同。但他下定決心要充分利用在格雷高中的機會。他告訴我們他在那些性格形成時期的心態：「你必須工作。你每天都要工作。」

這表示他準備好利用學校提供的一切。「當機會來臨時，我已經準備好了。」他告訴我們：「**大多數人都在抱怨、抱怨、再抱怨。機會來了，但他們還沒準備好**。這就是區別所在：每一次我有機會的時候，我都能用雙手抓住它。」當他獲得獎學金時，當他在二〇〇七年為東部省國王（Eastern Province Kings，編按：南非橄欖球隊）開始他的青年職業生涯時，當然，還有當他在二〇一三年接到南非國家隊的徵召時——科里西準備好了。

我們可以看出，科里西有激勵人們的訣竅。他的目標不是代表南非的任何一個種族或階級，而是代表所有人。他曾說：「我不僅要激勵黑人孩子，還要激勵所有種族的人。當我在球場上看向人群時，我看到了各種種族和社會階層的人。我們做為球員代表著整個國家。」[2]

他不是一個普通的領導人。隨著時間推移，科里西以其含蓄、低調、自信的領導風格而聞名。我們在 Podcast 節目上問過他，他說這很自然。「這就是我……我很安靜，因為我們小組有不同的領導。因為我對自己很有信心，我知道我是誰，我代表什麼，我是什麼樣的領導者。」這種安靜的領導風格將打造出一支與眾不同的團隊，一個在面對特殊逆境時，仍能保持團結的團隊。

紀錄片《追逐太陽》（*Chasing The Sun*，暫譯）描述了跳羚隊在日本世界盃上的成功，讓我們得以一窺這種氛圍。在一個場景中，伊拉斯莫斯要求每個球員提供他們朋友和家人的照片。但隊裡的一名隊員馬卡佐・馬普皮（Makazole Mapimpi）只帶了自己的照片。他的隊友似乎很困惑，直到馬普皮解釋。他「真正的」家人都死了：他的母親死於一場車禍，他的弟弟死於腦部疾病。他說，他唯一的家人是跳羚隊。

許多球評表示，球隊內部如此緊密的情感紐帶，有助於解釋他們的成功。其中很多連結都是由科里西持有的。

在為二〇一九年十一月於橫濱舉行的決定性決賽做準備時，伊拉斯莫斯強調了科里西領導能力的重要性。他說球員在應對壓力方面處於獨特的位置，畢竟，他們中的許多人來自一個沒有食物，或每天步行六英里上學是家常便飯的世界。他們為什麼要擔心世界盃決賽呢？根據伊拉斯莫斯的說法，科里西比任何人都更能體現這種韌性。「這個人知道這些壓力。」他說。[3]

第二天晚上，在橫濱，當南非粉碎了英格蘭重奪冠軍的希望時，跳羚隊與十五年前那支幾乎全是白人的球隊截然不同。科里西的大隊裡有十一名黑人球員。馬普皮（Mapimpi）創造了歷史，成為南非史上第一個在世界盃決賽中嘗試進球的球員，進球的傳球由另一個小鎮男孩盧漢奧．阿姆（Lukhanyo Am）提供。南非橄欖球的革命至此完成。

科里西的故事簡潔地展示了鼓舞人心的領導力力量。這是高效能拼圖的最後一塊。到目前為止，在這本書中，我們從研究高成就者的獨特思考方式，到探索他們獨特的行為方式，我們已經討論了如何成為一個高效能的人。但是少了點什麼。沒有人是靠自己成功或失敗的，我們是做為一個群體成功或失敗。團隊需要領導。

高效能團隊的力量，怎麼說都不為過。證據是壓倒性的。在一九二〇年的一項開創性研究中，弗洛伊德．亨利．奧爾波特（Floyd Henry Allport），常被稱為社會心理學的奠基人，需要著手調查群體中的一員如何影響人們的智力。因此，他要求一組人連續做兩組簡單的拼圖。第一次，他們單獨行動；第二次，他們也是單獨工作，但和一群人坐在一張桌子上。

他的發現令人震驚。與他人一起工作，本身就足以提高工作表現。[4] 無論參與者是在交流還是沉默地坐著，是親密的朋友還是完全的陌生人，做為團隊的一員，這個事實本身都讓人更聰明。

更有趣的是，管理良好的低績效團隊，總是比管理糟糕的高績效團隊做得更好。在一項有趣的廣泛研究中，美國西北大學（Northwestern University）的學者們著手調查這樣一個觀點：你擁有的天賦越多，團隊的表現就越好。他們調查了各種聯盟中人才的作用：NBA、英超、MLB，當然還有多人線上戰鬥遊戲《遠古防禦2》。他們的發現與直覺相反。沒錯，團隊中個人的天賦是有價值，但團隊結果的最佳預測指標，是團隊成員之間的共同成功，也就是說，這取決於良好的團隊合作。[5]

正如LinkedIn聯合創始人里德・霍夫曼（Reid Hoffman）所說：「不管你的思維或策略有多聰明，如果你是在單打獨鬥，你總是會輸給團隊。」[6]

所有這些都意味著，如果你認真對待高效能，你就需要認真對待提升你的團隊。這就是本書最後一章的內容。我們將要探索為什麼有些團隊能夠一起創造出傑出的作品，而有些團隊卻不能。

這就是科里西的故事。他鼓舞人心的跳羚隊隊長生涯，暗示了使一支球隊出類拔萃的第一個關鍵方法：有效的領導。當一個團隊有好的領導時——就像科里西的跳羚隊一樣——就會發生非凡的事情。團隊中的中等成員成為高效能者，優秀的團隊成員會成為超級明星。

但科里西的隊長身分，也暗示了我們對領導力的誤解。科里西絕不是一個跋扈、控制欲強的領袖，他只是為團隊設定了方向，他知道，只要有正確的提醒，球隊就會以自己的方式取得優異的表現。

科里西並不是一個孤獨的人，他決定在任何可能的情況下，利用隊友的技術，比如馬普皮和阿姆。結果是一幅與你想像的截然不同的領導畫面。好的領導很少發號施令和控制。相反地，他們設定團隊的方向，並相信他們的團隊能夠完成任務。

找到你的BHAG

管理學者吉姆．柯林斯（Jim Collins）和傑瑞．波拉斯（Jerry Porras）在他們對持久組織的開創性研究《基業長青》（*Built to Last*）中，創造了令人難忘的詞語：BHAG。它的意思是「宏偉，艱難，大膽的目標」（Big, Hairy, Audacious Goal）。

柯林斯和波拉斯將BHAG定義為「一個大膽的、十到三十年的目標，朝著想像中的未來前進」。他們的研究顯示，宏大的、激勵人心的目標，將好的公司與優秀的公司區分開來。他們說，最好的目標應該是立即吸引注意力的——它們「擊中你的膽量」。[7]

自從柯林斯和波拉斯創造了這個詞彙以來，幾十名研究人員研究了它的力量，包括美國心理學家奇普和丹．希斯。[8]他們說，BHAG的力量在於說服每個人專注於一個宏大的目標，這個目標會讓人情不自禁地受到鼓舞。

亨利．福特（Henry Ford）在一九一〇年代和一九二〇年代的BHAG目標是「普及汽車」。沃爾瑪的BHAG於一九九〇年達成協議，計畫到二〇〇〇年將規模擴大四倍，達到一千兩百五十億美元。

波音的BHAG於一九五二年成立，它將成為製造商用飛機的市場領導者。

這裡有一個關於領導能力必須學習的一課。領導者的第一個角色，是透過確定你想要達到的目標，為你的團隊設定一個方向。你需要大膽一點。如果沒有BHAG，就不可能團結團隊去追求一個共同的目標。

在我們的高效能訪談過程中，「BHAG領導力」的力量一次又一次地出現。桑恩．戴治可能是最好的例子。當戴治在二〇一二年成為班來足球俱樂部的領隊時，他覺得俱樂部缺少了方向感。這支球隊在英冠聯賽（The Championship）中一直萎靡不振，經歷了幾年的艱難時期——升入英超後短暫的歡樂，然後很快又降級了。

戴治認為，二〇〇〇年代後期是一個浪費掉的機會。在他做為領隊的第一次董事會會議上，戴治問董事會在俱樂部二〇〇九到二〇一〇賽季，唯一英超賽季之後，所有的錢都花到哪裡去了。球場已經破敗不堪，更衣室自從二十年前他還是球員以來，就沒有動過。他在一次採訪中說：「訓練場地最多也就一般水準，我就想：『錢都去哪裡了？』」[9]

在戴治看來，問題在於缺乏焦點：俱樂部沒有明確的目標。他向我們講述了他在接受培訓成為教練時，參觀牛津大學賽艇隊的經歷。他們正在為一年一度的對劍橋賽艇比賽做準備。「他們都不是專業人士，但卻是我見過最專業的人。」他對我們談起團隊裡的學生時說：「他們只是在一塊黑板上寫著划船比賽的日期和時間。不是什麼周圍閃亮亮的時髦海報，只是一塊黑板。」戴治意識到每個團隊都應該以這種清晰度為目標。團隊的目標是什麼？贏得划船比賽。那麼他們做了什麼呢？他們一心想著贏得划船比賽。

隨著時間推移，戴治在班來的策略也採用了類似的方法。他們需要明確目標，他想，而最好的方法是透過一個老式的 BHAG。戴治的結論是，班來最重要、最大膽的目標是為回到英超而戰——這一次不只是上升，而是保持上升。當他提出這個特別的目標時，看起來似乎太樂觀。就在幾十年前，班來差點被整個足球聯賽淘汰出局，而且剛剛從英超降級。但戴治意識到，如果沒有遠大的抱負，班來的發展軌跡只會走下坡路。

事實證明，這種雄心壯志正是俱樂部需要的。它集中了管理層、球隊甚至球迷的注意力，就像戴治在牛津看到的黑板一樣。每個人都很清楚這支隊伍的目標不只是未來一年甚或五年，而是未來幾十年。「每個人都認為這是一個組建俱樂部的機會，不是一年的，而是二十五年的。」戴治後來說。[10]

這種長期的思考，影響了戴治如何接近俱樂部主場摩亞球場（Turf Moor）。戴治相信，如果班來想要像英超俱樂部那樣思考，他們看起來也需要像英超俱樂部。因此，他說服管理層對俱樂部的場地進行投資，不只是重振球場，還安裝新的照明燈，設立殘疾人看臺，改善廣播公司的網路連接，甚至在客場創造了新的座位。這種對俱樂部進行長期投資的承諾——把錢投到俱樂部的基礎設施上，而不只是球員——是他BHAG的關鍵部分。

與此同時，戴治為球隊制定了長期戰略。他簽下球員的方式與即將到來的賽季無關，而是關於未來的幾十年——培養球員——以相對低廉的價格簽下他們，並把他們留在球隊。「這不是一家想以二千萬英鎊簽下外國球員，兩年後又以七百萬英鎊賣掉他們的俱樂部。」他告訴我們：「這家俱樂部建立在努力引進我們了解的球員的基礎上，我們可以培養他們。也許成為俱樂部的一員會讓他們長大。」

然而，戴治最聰明的地方在於，他如何將BHAG轉變為更容易管理的短期行為。這裡的訣竅是避免微觀管理。他的策略很簡單：與其執著地告訴每個選手在任何時候該做什麼，不如找出一些非常重要的行為——標誌行為，並強調它們高於其他事情。

在很多方面，戴治都是一個不慌不忙的領隊。他向我們講述了球隊的行為：「可協商的內容廣泛多樣，而這些小伙子們知道，他們不能全部列舉。」但也有幾個關鍵的領域是沒有歧義的：**「沒有太多不可協商的事情——但某些事情非常重要。」**如果他們同意一些標誌行為，戴治相信他的團隊可以按照他們自己的方式完成工作。

在我們的談話中，我們發現了三種不可避免的行為：

「鼻子指向同一個方向。」

「最少的要求，需要最新的努力。」

「給我們你的腿、心和思想。」

戴治的標誌行為有一種非凡的優雅。每一個概念都是獨立而清晰的，而且包羅萬象，很難想像在哪種情況下，這些行為不能提供指導。

戴治所做的一切都是為了強調這些標誌行為。他開始組織訓練，使訓練成為他的團隊生活中不可避免的一部分。最著名的是，他創造了一個獨特的測試，他的所有選手都必須成功通過。在俱樂部裡，這一天被稱為「領班日」（Gaffer's Day）——在這一天，這個不容協商的行為，比其他任何事情都重要。

「領班日」的名聲很可怕。隊長傑森．沙基爾（Jason Shackell）曾經描述過戴治如何警告他的球員做好準備：「為我的一天做好準備。」他全年都會這麼說。對許多人來說，這是一個神祕的——甚至是不祥的——時刻。球員大衛．鐘斯（David Jones）曾說：「我聽說過這個『領班日』。」鐘斯到了一個球場，除了幾個拖拉機輪胎外什麼都沒有。鐘斯解釋說：「我以前沒有和他合作過，你的大腦開始超速思考，今天這裡會發生什麼事？」[11]

答案很簡單。在領班日那天，每個人的耐力都將被考驗到極限。「那是沒有科學的一天。」沙克爾回憶道：「基本上，我們一直跑到幾乎要死掉，然後就收工了。」[12]這表示是數小時的純健身訓練和高強度跑步，看不到足球。戴治向我們解釋說：「這是要把他們的身體能力帶到極限。」

戴治為什麼要強迫他的團隊經歷這樣的磨難？答案當然與他的BHAG有關。他笑著說：「沒有承諾、團隊合作和純粹的努力，你不可能成功完成它。」一旦這種心態在訓練中被灌輸，它就會在比賽中扎根在球員的腦海中。

總的來說，戴治的方法非常直接。確定你團隊的目標，確定一小部分能夠幫助他們實現目標的行為，然後信任你的團隊來完成剩下的工作。這是微觀管理的對立面，也許是宏觀管理。領導者的工作不是控制團隊行為的方方面面，目的是確定BHAG，並精確找出能讓團隊達到目標的少數行為。這是有效的。在撰寫本文時，班來已經連續五年待在英超。

高效能維修站 *High Performance Pit Stop*

指揮官的意念

指揮官意圖是一個清晰、直接的聲明，包含在美國陸軍下達的每一個書面命令中。[13] 它指定操作的目標，儘管很少明確規定一個團隊應該採取的確切行動，但它描述了士兵可能被要求表現出的行為。這與戴治的原則相同：設定有限數量的明確行為，然後讓你的團隊去處理其餘的事。

特別地，指揮官意圖包含了對軍官的兩個指示。大致上，他們遵循以下模式（軍官必須填寫空白）：

明天任務的目標是：

為了實現這個目標，我們可以做的最重要的一件事是：

這是一種快速的方式來確定你的目標，並想出如何實現它，美國陸軍或班來球隊的風格。首先是目標，其次是行為。

試著把這個方法應用到你自己生活中面臨的問題上。你的任務目標是什麼？你能做什麼來達到它？

排除狗屁倒灶的事

目標只是有效領導力配方中的第一個成分。做一個領導者不只是鼓勵良好的行為，還涉及到阻止不良行為。

為了理解其中的原因，讓我們回到柯林斯《基業長青》的作品中。在他還是研究生時，一位教授給柯林斯上了一堂嚴厲但寶貴的一課。教授說，柯林斯總是很忙，但這並不代表他在做什麼正確的事情。教授問他，如果他接到兩個改變人生的電話，會如何改變自己的行為？第一種情況，他會知道自己繼承了兩千萬美元，沒有任何附加條件。第二種情況，他發現由於一種罕見的不治之症，他只剩下十年的生命了。在這兩種情況下，教授問柯林斯：「你會停止做什麼？」（就柯林斯而言，答案是：相當多。）

這個思想實驗讓你專注於真正重要的事情。柯林斯說，正是這種對本質的強調——以及對非本質的清除——是最好團隊的關鍵特徵之一。他寫道：「一件偉大的藝術作品不只是由最後的作品組成的，而且同樣重要的是，不是最後的作品。這是一種拋棄不適合的東西的訓練……這標誌著理想的作品，無論是交響樂、小說、繪畫、陪伴，還是最重要的一段人生。」[14]

所以我們關於好的領導的第二條原則，是第一條的反面：排除狗屁倒灶的事。這是我們的許多高效能者在Podcast中提到的功課。跳水金牌湯姆．戴利告訴我們：「**說『不』是一項關鍵**

技能。這樣可以讓你完全專注於最重要的事情。」世界上許多最傑出的人都持有這種觀點。有一個故事（也許是杜撰的）是關於披頭四鼓手林哥・史達（Ringo Starr），他把偉大的打鼓藝術描述為「知道什麼時候不該敲鼓」。

然而，即使是最優秀的運動員、商人和創意人士也忽視了這件事。我們大多數人總是被不重要的事情分心。在一項有趣的研究中，一組經理被要求分享他們在組織中面臨的重要問題。大多數經理提到了五到八個問題。接下來，他們被要求描述他們上週的活動。最關鍵的結論是：「沒有經理報告過任何可能與他們所描述的問題直接相關的活動。」[15] 這個問題我們大多數人都很熟悉：緊急任務的優先順序高於重要任務。

那麼，領導者要怎麼做，才能消除那些有損團隊績效的無意義任務呢？班・法蘭西斯（Ben Francis）發現自己經常問這個問題。最終，這讓他從根本上重新評估了自己在創立的公司中的角色。

法蘭西斯的職業生涯是近年來商界最成功的故事之一。他從小就雄心勃勃。十四歲時，他在祖父那裡完成了一些工作經驗，他祖父的公司生產工業熔爐。這份艱苦的工作並沒有使他喜愛這份職業，但它確實教會了他努力工作的價值。他告訴我們：「我的第一份工作就是和他一起工作，所以我肯定從他們那裡學到了職業道德。」

法蘭西斯自稱是一個「非常普通」的學生，在他十幾歲的時候，他發現了自己真正的愛好——一方面是IT，另一方面是健身房。他迷上了YouTube上阿諾·史瓦辛格（Arnold Schwarzenegger）等偶像的舉重影片。十八歲時，他注意到市場上出現了一個缺口：他鍛鍊得越多，就越難找到一件能恰如其分地展示他肌肉的襯衫。到他在伯明罕讀大學的時候，他已經開始把T恤撕成史瓦辛格式的背心，並在上面印上他的商標——一條舉槓鈴的大白鯊。

其中蘊含著價值數十億英鎊的商業創意。二〇一二年，十九歲的法蘭西斯創立了Gymshark公司，銷售品牌襯衫和蛋白奶昔。早期他的公司技術含量很低：一個朋友教他印絲網印刷T恤，他的祖母教他縫紉。他後來說：「沒有什麼特別的策略意義。當時只有我和一些朋友在想，沒有人在做我們想穿的衣服。」[16]

但是，隨著公司的發展，法蘭西斯變得越來越有商業頭腦。這種衣服很受歡迎，尤其是在網路健身網紅中。粉絲們很快就問他們衣服是在哪裡買的。那是二〇一三年，社群媒體上的「網紅行銷」還處於早期階段。但這正是法蘭西斯所開創的事業。在接下來的幾年裡，他的公司呈指數級增長，這在很大程度上要歸功於這些線上擁護者的支持。到二〇二一年，該公司每年銷售兩千萬件商品，平均每天超過五萬件，價值超過十億英鎊。

然而，在這段時期的大部分時間裡，法蘭西斯並不是他創立的公司的執行長。而這一切都要歸功於柯林斯的頓悟——停止做那些對團隊不利的事情。二〇二〇年，法蘭西斯在部落格上解釋了他的心路歷程。「當你是一家企業的創始人和大股東時，最終會變成多個不同角色的奇怪混合體。」他寫道：「你最終會變成一個球員兼領隊。這個人在這個行業中表演和工作，但他也是決定誰在哪裡工作（或比賽）的一部分。」[17]

在Podcast節目中，法蘭西斯描述了他逐漸意識到，執行長職位中有一些他需要去除的元素。這是在該公司招聘了兩名新的高階同事之後發現的。

史蒂夫．休伊特（Steve Hewitt）是一位比法蘭西斯大近二十歲的商人，他加入Gymshark擔任董事總經理，並改變了該公司的營運。法蘭西斯告訴我們：「史蒂夫在人事管理、財務運營、物流等方面非常出色。」與此同時，保羅．理查森（Paul Richardson）就任董事長。「他真的在考慮商業結構。」法蘭西斯說。這也讓他頓悟：「看著這兩個人，我意識到：他們在我不擅長的事情上很出色。」

所以法蘭西斯做了一件激進的事。二〇一七年，在掌舵五年後，法蘭西斯辭去執行長一職，轉交給休伊特。這舉動讓法蘭西斯可以專注於他喜歡的事情。他說：「我可以加倍投入，專注於品牌、產品、行銷、社交等所有這類事情，讓這些人發揮自己的長處。」因此，法蘭西斯成為了行銷總監，以及公司的公眾形象。

他專注於自己熱愛的事業的決定，為他贏得了巨大的讚譽。法蘭西斯入選富比士「三十位三十歲以下精英榜」（*Forbes* 30 Under 30），並在二〇二〇年獲得了英國最佳企業家獎。

我們能從法蘭西斯的決定中學到什麼？首先，好的領導力很少是事事親力親為。你要相信身邊的人，就像戴治在班來一樣。領導者不要求絕對的控制：他們會授權。有時，他們會放棄自己的權力，把它交給自己的團隊。法蘭西斯曾說：「**你需要把自我放在一邊，確保業務永遠是第一位**，每個職位上最強大的人都在這些職位上。」[18] 如果你把這個經驗應用到你的團隊中，你會去掉什麼？

其次，我們應該專注於我們真正擅長的事情，屏除其他一切。這在個人層面上便發揮了作用。就法蘭西斯而言，他真正的使命是行銷，但它對整個組織的運作方式產生了影響。是否每個人都專注於他們最擅長的事情，還是團隊中的某些人經常被非必要的任務所干擾？反思這個問題能得到解脫。法蘭西斯讓休伊特擔任執行長的決定，描述為「極其自由」。「這讓我可以專注於我擅長的事情，也讓史蒂夫可以專注於他擅長的事情——把業務放在首位，讓業務更快地增長。」他在部落格上如此寫道。[19]

第三，也是最令人驚訝的，在短期內削減開支，往往是保持長期選擇的最佳方式。當我們在二〇二一年夏天採訪法蘭西斯時，他剛剛在離開四年後，重新擔任執行長。但這一次，他準備好了。

「我從來沒有這麼興奮過。我非常喜歡。」他告訴我們。這一切都是因為他在四年之前後退了一步，這個過程讓他得以反思、學習和進步。這一切都取決於知道什麼時候該放棄。

不要做的清單

這個練習提供了實用的方法，可以省去那些無關緊要的任務。它的靈感來自柯林斯所說的「停止做清單」。把過去一週裡，你在工作中完成的所有事情都寫下來，重點放在耗時超過一個小時的任務上。接下來，仔細瀏覽這份清單，為它打分數，看看它與你的目標有多吻合——或者，更好的是，為你的BHAG打個分。

這些分數可以構成你「停止做」清單的基礎。然後你可以根據評分將任務分成三類。

- **一～三分：停下來**。如果一項任務對你的目標沒有任何幫助，問問自己是否可以停止做它。你真的應該再刷你的Instagram嗎？
- **四～七分，委託他人**。如果一項任務不可避免，但顯然對你的目標沒有幫助，試著找出是否有辦法將它從你的待辦事項列表中刪除。你能把它委派給團隊的其他成員嗎？或者，如果你在企業工作，你能把任務委外嗎？
- **八～十分：專注於它**。如果一項任務在這上面，它應該占據你大部分的工作時間。有沒有辦法把這些工作安排到你的班表中，比如每週抽出時間來做這些工作？

當然，也會有例外，有些任務既毫無意義又無法避免。但當你把你的「待辦清單」變成「不要做清單」時，這是一個有用的起點。

找到你的副手

當你把人們分組時，會發生一些奇怪的事情。當我們獨處時，往往會相當理性地行事，但一旦我們和別人在一起，就會開始屈服於群體的壓力。所有的合理性都被拋到了九霄雲外。

這是心理學家所羅門・阿希（Solomon Asch）所著迷的現象。身為社會心理學的先驅之一，阿希對我們如何被同伴的行為左右產生了興趣。在他最著名的實驗中，他讓一組學生看一些簡單的圖畫，包括下面這張。

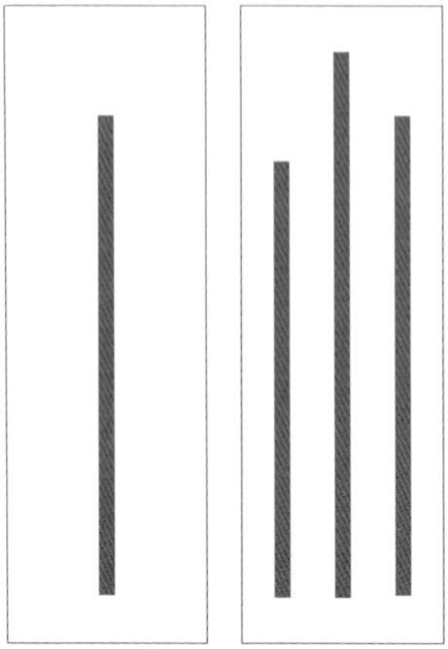

每個人都被問了一個簡單的問題。例如，當看到上面的插圖時，他們被問及右邊的三條線中，哪一條最像左邊的那條？在所有情況下，答案都是明確的。（就是最右邊的那個。很明顯。）

不過這裡有個陷阱。房間裡除了一個人之外，所有人都是內賊——他們要給出同樣的、顯然是錯誤的答案。在實驗結束時，唯一真正的實驗對象被要求給出他們的判斷。可怕的是，在四分之三的情況下，他們至少會犯一次錯誤，只是為了適應周圍的人。[20]

阿希的實驗是史上最著名的實驗之一，一個單一的研究，證明了同伴壓力的力量。它揭示了我們是多麼容易受到周圍人行為的影響，以至於我們準備忽視眼前的證據。從阿希開始，類似的實驗在幾十個類似的環境中重複。人們常常隨波逐流，即使這表示著無視眼前的證據。

阿希關於從眾性的發現很有名，許多讀者應該已經很熟悉了。但不那麼著名的是這條規則的例外。因為阿希不只確定了同伴壓力何時起作用，還發現了什麼時候沒有。

在他的一個不太知名的實驗中，阿希讓另一屋子的演員，對一組謎題給出錯誤的答案。但這一次，有了一個轉折：他讓其中一個演員給出一個不同的答案——正確的答案。這個理性的聲音改變了一切。在很多情況下，它給了房間裡的非參與者打破常規的「許可」，並提供了正確的答案。阿希寫道，「一個支持力量的存在，耗盡了它的大部分力量。」事實上，當只要有一個人給出正確答案時，人們給出錯誤答案的可能性會降低四倍。[21]

阿希的實驗揭示了同輩壓力和領導力的力量。不管我們認為自己有多堅強，我們都傾向於從眾。但你只需要一個領導者來做不同的事情，整個團隊的動態可能會改變。

挪威運動心理學家威利・雷洛（Willi Railo）為擁有這種能力的人取了一個詞彙：「文化建築師」。他們是為團隊其他成員樹立榜樣的人。雷洛說：「文化建築師是那些能夠改變他人思維方式的人。他們能夠打破障礙，他們有遠見。他們自信，並能將自信傳遞給其他成員。」

在體育運動中，文化建築師是團隊中為休息室定下基調的人。在商界，他們是受人愛戴的同事，新加入的員工都很尊敬他們。我們的許多高效能者都強調了他們的重要性。曼聯總教練奧萊．貢納．索爾斯克亞說得最簡單：「**文化建築師是你尊敬的人**，是有正確習慣和標準的人。你必須找到並善用他們。」[22]

領導者如何識別這些文化建築師？這個問題我們問過很多高效能者，他們的答案非常一致。文化建築師有三個特徵：地位、態度和才能。

首先是地位。這些建築師不是告訴人們該做什麼，而是藉由他們的行動產生影響，人們尊敬他們，他們以地位引導，而不是透過命令。例如，奈維爾描述了自己十幾歲加盟曼聯時，看到艾瑞克．坎通納（Eric Cantona）如何自律。他對我們說：「他話不多，但以身作則。他總是非常專業……他刻苦訓練，努力踢球，在球場下也表現得很好，這符合俱樂部的文化精神。」

隨著時間的推移，奈維爾對自己的球隊也產生了這種影響。當他離開曼聯加盟艾佛頓時，他解釋了自己在以前的俱樂部養成的習慣，比如提前到達和在體育館熱身，對他的新隊友來說，是一種文化衝擊。「我是唯一這麼做的人。」他說。但在這種情況下，他自己成為了一名文化建築師——在整個球隊中引發了行為改變的「漣漪」，他說：「在我來到艾佛頓的頭兩週，一群忠誠的資深球員開始和我一起去健身房，這種漣漪意味著最終每個人都在這麼做。」他知道，以這種方式以身作則可能是革命性的。「當你的休息室裡有這群人，他們理解成為勝利文化的一部分代表著什麼意義，這有助於形成一股不可阻擋的力量。」

第二是態度。當我們和霍伊交談時，我們認為他可能是英國自由車隊的文化建築師。他很謙虛，起初對這個建議不以為意。但我們聊得越多，就越確信。為什麼？因為他對隊友的態度。他對小組中資歷較淺的成員採取了一種不同尋常的培養方式。他告訴我們：「首先，我比他們大很多。我一開始是隊裡最年輕的成員，最後卻成了最年長的。」

這表示他很樂意照顧年輕的隊友，比如說英德混血的自行車手菲爾·辛德斯（Phil Hindes）：「他來自德國，父母是英國人，但他在德國出生和長大。所以他必須適應一個全新的環境，一個完全不同的國家。」霍伊知道該怎麼做。「基本上我把他放在我的羽翼下，並試圖幫助他融入團隊。」他告訴我們。這也是關於你的文化建築師是誰的另一個線索——尋找那些保護團隊，甚至培養團隊其他成員的人。他們的態度會為你的成長營造良好的環境。

第三，也是最重要的，是才能。文化建築師是那些透過自己的技能，獲得隊友關注和尊重的人。戴治在這一點特別直言不諱。他談到了一九九〇年代他還是一名球員時，他的足球領導力和現在的不同。他說，那時候的領導們都比較粗俗：「他們很直率，他們會開玩笑，但也知道什麼時候該嚴肅些。」

然而，今天的領導者更有可能僅僅以才能來激勵人們。戴治說，領導層現在已經改變了。「我注意到的第一個領導力的轉換，是像大衛·貝克漢（David Beckham）那樣的人。你會想，他肯定不會用他的言語什麼的來引導大家。但他會成為一名領袖，因為你把他放在足球場上，他會給你一切，帶著一點風格和一點檔次。」文化建築師是那些首先透過自己的技能給人留下深刻印象的人，因此他們為團隊定下了基調。

所有這些都引出了高效能者的最終原則：找到你的副手。最成功的領導者是那些利用文化建築師網絡的人，這些人可以承擔起領導的重任，即使領導人不在那裡。

這些人表明，領導力並不像你想像的那麼孤獨。因為這不是一個自上而下的過程。領導力是培養一種讓人們感到有力量的環境，這樣其他的領導者就會突然出現在你的周圍。

高效能維修站 *High Performance Pit Stop*

行動中的建築師

傑克

那是二〇一四年三月一個陽光明媚的春天下午，我站在曼城主場阿提哈德球場（Etihad Stadium）的場邊。我被派去那裡主持足總盃八強賽中，曼城對決維根競技（Wigan Athletic）的比賽。根據博彩公司的說法，東道主獲勝的機率很高。

維根競技有其他想法。也許曼城是被維根去年的戰績嚇到了，當時維根出人意料地在決賽中擊敗了曼城，捧起了足總盃。也可能是主場球隊運氣不好。不管怎樣，維根以二比一贏得了比賽，這在很大程度上要歸咎於曼城後衛馬丁．德米凱利斯（Martin Demichelis）的糟糕表現。

維根的老闆烏維．路斯拿（Uwe Rösler）賽後和我們聊天時心情很好，但也許有一絲遺憾。在成為教練之前，路斯拿已經為曼城效力了五年，甚至以曼城英雄科林．貝爾（Colin Bell）的名字為兒子取名。

我以為這給了我變聰明的機會。「你為一個孩子起名叫科林，用的是科林．貝爾的名字。也許你會叫另一個孩子馬丁，因為曼城後衛今天為你贏得了比賽。」我開玩笑說。這很幼稚，一點也不好笑，儘管當時我並沒有意識到這一點。路斯拿以其特有的優雅處理了我的不得體，對這個問題置之不理。

然而，當我們繼續進行賽後節目時，我注意到一些不尋常的事情。曼城隊和英格蘭隊的門將喬．哈特（Joe Hart）就站在攝影機操作員身後幾碼的地方。「他好像特別生某人的氣，」我的搭檔小聲說：「我想他正在看你呢。」

當我們倒數結束直播時，我開始感到焦慮。我有預感會發生什麼。當我放下麥克風準備離開片場時，一位新聞官員走過來：「嗨，傑克，如果你不介意的話，哈特想和你說句話。」我們三個人走進體育館最裡面的一間辦公室。

我是一個高個子，一百九十三公分，但我站在哈特面前，我覺得自己只有六十公分高。「你想幹什麼？」他問。他指的是我對德米凱利斯的嘲諷。「在他經歷了這一天之後，你認為他看到這些會作何感想？」我溫和地反駁，我的工作是提供娛樂，但我知道哈特是對的。

我經常想起那次談話。哈特證明了對俱樂部的投入代表什麼意義。他對德米凱利斯說「無視電視上的白癡」是不夠的。他決定和我對質，並在這個過程中試圖改變一些事情。在那一刻，我對哈特的尊敬只增不減。他告訴我們，做一個領導者不只是指揮你的團隊，而是在真正重要的時候為他們挺身而出。對我來說，我再也沒有拿任何不幸的後衛開玩笑了。

永遠不要獨自領導

領導力不是你想的那樣。

我們通常認為，領導就是控制一個組織的每一個元素。但事實並非如此。就像戴治一樣，領導者設定團隊的首要目標和行為，並相信他們的團隊能夠做好。

我們通常被告知領導就是親力親為。但事實並非如此。就像法蘭西斯一樣，領導者也很清楚自己不應該做什麼，並把這種責任轉嫁給他們的同事。

我們可能認為領導是一條孤獨的道路。但事實並非如此。就像奈維爾一樣，領導者會找到一群文化建築師來支持他們，所以他們永遠不會真正孤獨。

總之，領導的要求、折磨和孤獨比你想像的要少。沒有人能獨自領導。相反地，領導力在整個團隊中向外擴散——就像奈維爾所說的「漣漪」。

這表示任何人都可以成為領導者。即使是你。

如果有一個領導者比任何人都更能代表這些特徵，那就是凱文·辛菲爾德（Kevin Sinfield），他是里茲犀牛隊（Leeds Rhinos）有史以來最成功的領導者之一。在超過十年的掌舵過程中，他帶領橄欖球聯盟球隊贏得了七次大決賽，兩次挑戰盃和三次世界俱樂部挑戰賽。這些紀錄使他成為這項運動一百二十五年歷史上獲獎最多的隊長之一。

在Podcast節目上，我們問他是怎麼做到的。他的回答堪稱領導力的大師課。首先，他認為自己的工作是制定團隊應該效仿的廣泛行為：「行動比語言更響亮。人們想要看到這些行為——這些行為更引人注目，比任何休息室裡的談話都更有分量。」

與此同時，辛菲爾德知道他可以說「不」。「對我來說團隊非常重要。他們給了我支持，也讓我能夠謙遜地說『你在這方面比我強』，或者『我認為你的聲音會比我的更能引起共鳴』。」

最重要的是，他依賴於一個更廣泛的文化建築師團隊：「我當了十三年的隊長，但我身邊有一些很棒的領導。沒有他們，我們不可能取得這樣的成就。」

領導力的三個要素：設定行為，專注於重要的事情，找到你的副手。

當你以這種方式領導一個團隊時，領導就變成合作的過程，而不是指令。內衣品牌 Ultimo 的創始人蜜雪兒．蒙（Michelle Mone），被廣泛認為是她那一代人中最優秀的商人之一，她在被辭退行銷工作後，創立了近幾十年來最成功的時尚公司之一。她的生意以創意和顧客的忠誠而聞名。在 Podcast 節目上，她告訴我們，真正的領導力不是把自己和團隊分開，而是讓自己融入團隊。她告訴我們：「**我們是一個團隊，我總是尊重我的團隊。如果我自己不願意做的話，我是不會讓他們做的……**我想我就是這樣一個領袖。」

這一課告訴我們，領導力不一定孤立。在你的高效能之旅中，會有你感到壓力太大的時刻。你會被召喚去領導，並且會認為你不具備領導的能力。你會被邀請去做一些超出你能力範圍的決定。

在這樣的時刻，回想這些領導的原則並振作起來。領導不是強迫性地控制一切。甚至不是你自己打所有的電話。這是關於設定方向，並且相信你周圍的人會做正確的事情。

課程摘要

- 領導者不是獨裁者。他們設定了方向，並相信他們的團隊能夠自己找到道路。
- 這代表著什麼？首先，領導者概述團隊的目標。找到你的「宏偉，艱難，大膽的目標」（BHAG），讓它成為你所做一切事情的中心。
- 第二，領導們會排除狗屁倒灶的事。領導力的關鍵部分是指導人們不要做什麼。
- 第三，領導者不單獨行動。尋找你的文化建築師——地位高、討人喜歡、有才華的人，團隊中每個人都欽佩他們。相信他們。
- 記住，領導力是高壓的，但絕不是孤立。領導者是團隊的一部分，而不是凌駕於團隊之上——這使得領導沒有你想像的那麼可怕。

如果你回答了「為什麼」，
那麼「是什麼」和「如何」
很快就會接踵而至。

第8課 打造文化

在毛里西奧·波切蒂諾（Mauricio Pochettino）被任命為總教練之前的那些年裡，熱刺（Tottenham Hotspur Football Club，編按：托特納姆熱刺足球俱樂部，簡稱熱刺）總是就只是「剛剛好」。這支球隊通常在英超聯賽的中游徘徊，雖然很少遊走在降級的邊緣，但幾乎從未有機會獲得主要聯賽冠軍。

當曼聯史上任期最長的總教練亞歷克斯·佛格森希望曼聯球員在面對熱刺能夠稍微放鬆緊繃的情緒時，說過一句貶損的話：「夥計們，這是熱刺。」這句簡單的話似乎濃縮了熱刺的無希望文化。

波切蒂諾在談到他加盟前的那個時代時，曾這樣描述過球隊文化：「只穿皮草，不穿短褲。」[1] 當他來到這裡時，他的第一個目標就是改變這種狀況。

他的解決方案是什麼？答案是轉變球隊文化。「成功的一個關鍵因素是球隊的文化。」波切蒂諾對自己的傳記作者說道，「精神、規則，這些根深柢固的東西必須被尊重，並做為衡量標準。」[2]

波切蒂諾到來後的幾年裡，熱刺的文化已經改頭換面。當高效能 Podcast 在他美麗的倫敦家中坐下來採訪他時，這位慈父般的阿根廷人逐漸向我們展示他如何改變了休息室的氣氛。波切蒂諾說：「這是兩個問題：精力和態度。」每當他覺得他的球員表現不佳時，都是因為他們沒有注意到這兩個特點。

「態度決定一切，」他解釋道：「**你可以擁有上帝賦予你的所有天賦，但如果沒有態度——開放、傾聽和學習的能力——你將一事無成。**」

至於能量？「Energía universal。」阿根廷人說，他說的是西班牙語。宇宙能量。對波切蒂諾來說，這種能量是一種生命力，它能滲透到一切事物中。他描述了他如何透過與球員握手，就能激發他們的能量。他告訴我們：「當你接觸到一些人時，你會感受到那種能量。你會感覺到他是否乖，是否需要愛，是否心煩意亂，是否睡得好。」這有什麼關係？「因為你不是要管理一條道路，你要管理的是一個人！」

「Energía universal」聽起來很神祕，但它的實際意義卻一點也不神祕。根據波切蒂諾的說法，你需要釋放出你想要定義生活的那種能量。如果你不必要地悲觀，事情就會變糟，如果你一直保持樂觀，事情就會進展順利。

波切蒂諾的整個管理風格，都專注於在球隊創造一種特殊的文化。每個人都需要精力充沛，每個人都需要保持積極的心態，每個人都需要對保持 Energía universal 充滿信心。他說，你能夠創造一個良好的環境，一個充滿活力的快樂環境。

波切蒂諾無休止地尋找積極氛圍，這導致他做出了一些不同尋常的決定。在我們的討論中，他反覆提到，需要將我們的精力投入到特定的球員身上，或將我們的愛給予另一個球員。孫興慜和亞運會就是最好的例子。二〇一八年，波切蒂諾允許孫興慜代表韓國參加世界盃——儘管熱刺沒有義務釋放他，因為這不是國際足總（FIFA）的日程表。

我們問，為什麼波切蒂諾允許他最有前途的球員之一休假？「因為這有助於保持團隊中積極的文化。」這種作法取得了成效。波切蒂諾說：「他還是屬於熱刺，因為我們允許他去踢球。我們並沒有自私地說：『不，兒子需要留在這裡。』」

波切蒂諾對文化的重視得到了回報。當他來到熱刺時，他被委以重任，帶領球隊進入前四。他超出了人們的預期，熱刺連續三個賽季爭奪冠軍，並帶領球隊歷史性地進入了歐冠決賽。而且這是在廉價的情況下完成的，至少在英超聯賽中是這樣——正如波切蒂諾後來所說，這是一個「與豪門完全不同規畫」的成果。[3]如今，波切蒂諾在巴黎聖日耳曼，那裡的趨勢也是如此。活力和態度使俱樂部不斷向前和向上。

在上一章中，我們考察了領導力如何提供明確的方向，來推動團隊做到最好。問題是，這很少足以讓群體茁壯成長。正如波切蒂諾的例子所表明的那樣，最好的組織不只是由於清晰的領導而取得勝利，他們的繁榮是因為每個人都對團隊感覺良好。

建立正確的文化是高效能的最後一個組成部分，也是最難的部分之一。如果你想讓人們把工作做到最好，不能只是告訴他們該做什麼。你需要他們對公司投入，真正希望公司成功。如果說領導力是自上而下地構建高效團隊，那麼文化就是自下而上地構建團隊。

遺憾的是，文化經常被遺忘。作家大衛．福斯特．華萊士（David Foster Wallace）曾經講過一個關於兩隻小魚在海裡游泳的故事。「他們碰巧遇到一條年紀較大的魚游向另一個方向，這條魚朝他們點了點頭，說：『早安，孩子們。水怎麼樣？』兩條小魚繼續遊了一會兒，最後其中一條看著另一條說：『水是什麼鬼東西？』」[4]

文化有點像水，就在我們身邊，在我們所說的、所想的和所做的一切中。然而，我們往往沒有注意到它，恰恰是因為它無處不在。

在這課中，我們將揭示一個好的文化是什麼樣子，來看看如何才能建立一個。答案在於創造一種意義、聯繫和安全感——就像波切蒂諾的熱刺一樣。

文化的五種類型

高效能的文化是什麼樣的？最好的答案來自查理斯．杜希格富有遠見的書《為什麼這樣工作會快、準、好》（*Smarter Faster Better*），講述了兩位學者決定找出答案的故事。一九九四年，史丹佛大學教授詹姆斯．巴倫（James Baron）和邁克爾．漢南（Michael Hannan）著手調查文化對公司財富的影響。他們的總部位於矽谷的中心，處於這有利位置，史丹佛正迅速成為新一代科技企業家的精修學校。若是想要理解企業文化的重要性，巴倫和漢南只要走出大學大門就行了。[5]

令人驚訝的是，史丹佛大學從來沒有人試圖量化文化對企業的影響。當然，這項奇怪的研究試圖了解不同團隊是如何團結在一起的，但巴倫和漢南設想的是更雄心勃勃的東西。在接下來的十五年裡，他們將研究近兩百家公司的文化，調查可能影響集團文化的每一個因素，從招聘實踐和薪酬，到決策的制定方式，以及員工離職的原因。

他們的發現令他們驚訝。

杜希格回憶道，第一個理解最簡單：文化很重要。非常重要。一些公司蓬勃發展，另一些公司從未起步，但更多的公司在成為二十一世紀初網路泡沫的受害者之前，還存活了幾年。但是，在所有情況下，決定一家公司表現如何的最好因素是它的文化。

巴倫和漢南後來寫道，文化決策的影響「即使在考慮了可能會影響年輕科技企業成敗的眾多其他因素之後，也是顯而易見的。」[6]

但兩人也逐漸意識到，文化是複雜的，這不只是簡單的「好」文化和「壞」文化的二元對立。杜希格描述了教授們如何鑑別五種不同的文化類型，每一種都有自己的長處和短處。

首先，有「明星」的公司。在這些組織中，最優秀的員工就是一切。老闆們會花大筆的錢來招募最聰明的人。一旦他們就職，這些員工將受到皇室般的待遇：被賦予極大的自主權，豐厚的工資支票和慷慨的津貼。

其次是「工程」公司。在這裡，技術人員和科學家掌握著主動權。一切都是嚴謹和資料驅動的。成功的人都是那些擅長技術任務的人，或是那些善於思考公司營運的人。許多軟體工程公司都採用了這種模式。

接下來是「官僚機構」，每一個決定都受規則、政策和複雜的系統制約。決定由委員會做出，在實務上，他們往往根本就沒有執行過。這些官僚機構在第四種文化中有一個親戚，「獨裁」，也非常複雜和受規則限制，但在這種情況下，所有規則都是為了安撫一個全能的人物（通常是執行長）。

最後是「承諾」模式。在承諾文化中，人們在組織中工作，是因為他們與組織有很強的聯繫，他們覺得自己為公司的目標投入了精力，他們關心自己的同事。這些公司把員工放在一切工作的中心位置（大多數承諾文化不惜一切代價避免冗員）。這些企業在培訓方面投入鉅資，強調高水準的團隊合作，並組織活動將員工聚集在一起。在這裡，文化就是一切。

這些類型中哪一個效果最好？不出所料，官僚主義和專制主義表現不佳。任何在過度管理的公司工作過的人，都會理解這一點。至於工程模式則有時命中有時失效：對某些行業有效，對其他行業則不那麼有效。

然後是明星模式。果然，這種方法產生了一些成功的公司。把所有最有才華的人放在一個團隊中，可能會產生難以置信的結果。但這種作法風險很高：公司要不走向輝煌，要不走向破產。為什麼？明星公司充滿了自負的人，他們相互衝突的個性，成為了公司長期穩定的障礙。皇家馬德里的球迷會記得俱樂部的政策，他們年復一年地簽下世界上最好的球員——這種作法產生了不協調和無法激起熱情的結果。正如那個時代的皇馬教練所說，「每個人都想成為餐廳經理，沒有人想洗盤子。」[7]

巴倫和漢南總結道，獲得好結果的最有效方式是透過承諾模式。在幾乎所有可以想到的衡量標準中，承諾文化的表現都是最好的。杜希格援引他們的話說：「我們研究的承諾公司中沒有一家失敗。一個也沒有。」不只如此，這些公司利潤更高，官僚主義更少，很明顯的，員工也最快樂。[8]

為什麼一個天賦明顯較差的團隊，能比一個「明星」團隊做得更好？答案在於承諾的力量。

在承諾文化中，每個人都參與公司的運作，每個人都有共同的價值觀和目標。這表示每個人都更加努力地工作。

史丹佛大學的研究，並不是承諾文化力量的唯一證據。分析公司蓋洛普的報告顯示，員工敬業的公司，利潤要比員工值班的公司高出二二%。[9] 對員工個人生活品質的影響也是相當大。另一項研究發現，員工對公司領導者信任度增加一〇%，與薪水增加三六%，對生活滿意度的影響是一樣的。[10]

這些研究說得很清楚：如果你想建立一個成功的組織，你必須讓隊友關心你在做什麼。一個高效能的團隊是一個忠誠的團隊。

回答最重要的為什麼

在擔任曼聯主帥時，佛格森經常講述關於三個人鋪磚的故事。這三個人都被問到在做什麼。第一個說：「在砌磚。」第二個說：「每小時賺十英鎊。」第三個說：「我正在建一座大教堂，將來有一天，我會把孩子們帶回來，告訴他們，他們的父親為這座宏偉的建築做出了貢獻。」

佛格森告訴他的球員，他們在訓練中也可以想一想這三種回答。他問，他們為什麼為曼聯效力？

有些球員可能會回答：「我只是在練習。」其他人可能會說：「我每小時賺一千英鎊。」第三組人會說：「我正在幫助打造有史以來最好的曼聯球隊，我會自豪地告訴我的孫輩，我是其中的一員。」[11]

正如我們將在本課的其餘部分看到的，有許多不同的方法來建立承諾文化。佛格森提示了第一點。要建立一種責任感，你需要一個團隊能夠回答一個簡單的問題：為什麼？

在第二課中，我們發現了長期的動力來自於尋找意義——一種超越於獲得報酬或升遷的事業。但這原則並不只適用於個人，它適用於整個團隊。如果團隊要團結起來，他們需要回答「為什麼」這個問題。潛意識裡，我們都在不斷問自己：為什麼？這一切的意義是什麼？柯林斯在他對偉大組織的經典研究《從 A 到 A +》（*Good to Great*）中，將其描述為「額外維度」（extra dimension）——一種不只是賺錢的使命感。[12]

由組織心理學家亞當．格蘭特（Adam Grant）進行的一項特別有趣的研究，揭示了目標在推動團隊績效方面的力量。[13] 在這項研究中，一組客服中心的工作人員，被要求打電話給一所大學的校友，他們正在為獎學金專案籌集資金。在電話之前，客服人員被分成三組。其中一組被要求閱讀一些來自前雇員的故事，這些故事是關於這份工作的個人好處：他們如何培養溝通技巧，得到很好推銷的能力等等。第二組人則與一些獲得獎學金的人見面，他們解釋了這筆錢如何改善了他們的生活。第三組完全沒有得到任何關於獎學金的資訊。

一個月後，研究人員評估了三組人的表現。第一組的人，被告知在客服中心工作的個人利益，並沒有比那些沒有被告知獎學金的人（第三組）做得更好——兩組籌集到的錢差不多一樣多。但那些被告知獎學金對其他人有積極影響的人（第二組），賺到的錢明顯更多。

從這裡學到什麼呢？當團隊的成員知道他們為什麼要做某件事，而不僅是為了個人利益時，他們會在更高的水準上表現出來。

在我們的高效能訪談者中，也可以看到同樣的動態。以崔西・奈維爾執教英格蘭國家籃網球隊英格蘭玫瑰隊的時間為例，做為菲爾・奈維爾的雙胞胎姐姐和加里的妹妹，崔西在高效能運動員的陪伴下長大。她的故事或許更引人注目。在做為板球運動員的國際職業生涯之後，她因膝蓋受傷被迫退役。然而，這並沒有阻止她對這項運動的投入。崔西繼續學習體育科學，建立了一所籃網球學院，並成為一名教練，帶領曼徹斯特雷霆隊在三年內兩次獲得超級聯賽冠軍。二〇一五年，她成為玫瑰隊的總教練。

這是一場艱難的比賽。幾十年來，玫瑰隊一直屬於還可以但很少是世界一流的球隊。自從二〇〇二年以來，他們在英聯邦運動會的成績模式——第四、銅牌、銅牌、第四——表明這支隊伍的雄心壯志已經達到了極限。他們在世界盃上的最佳表現是一九七五年的銀牌。「多年來，我聽到的都是『我們差點就贏了』，或『理論上我們應該贏』。但我們的球隊不在報告上，而是在球場上。」崔西告訴一位採訪者。[14]

到崔西加入的時候，公司有了改變現狀的希望。崔西想要把籃網球職業化，把玫瑰隊從必須兼顧其他「正職」工作的球隊，變成領全職薪水球員的球隊。她的到來恰逢羅浮堡建立了一個集中的職業籃網球項目，在那裡，球員們每週有四天時間在一起訓練。這是建立一支世界一流球隊的第一步。

然而，改造玫瑰家族需要時間。崔西的目標是獲得英聯邦金牌，但她的道路上有很多障礙。她曾經說過：「當你做出重大改變時，可能會遭到很多反對。」[15]她要求球員們放棄穩定的工作，信任她。這是個很大的要求。這並沒有讓崔西的任務變得輕鬆，在擔任總教練的三個月內，她就被指派帶領英格蘭隊參加澳洲世界盃。在那裡，她的父親突然去世了。在困難重重的情況下，玫瑰隊依然只獲得了一個普通的第三名。

崔西知道她必須徹底改變球隊的文化。她做到了。二〇一八年，當英格蘭隊前往澳洲黃金海岸參加英聯邦運動會時，球隊感覺不一樣了，更有活力了。玫瑰隊在十天內打了七場比賽，在與牙買加的緊張準決賽後，成功進入了決賽。

這又是一場驚心動魄的比賽。上半場兩隊各進了二十五球後，崔西的球隊在最後一節以四〇比三六落後。似乎大勢已去。然後，奇蹟出現了。在比賽的最後幾分鐘，玫瑰隊以五一比五一追平。接下來，比賽還剩幾秒時，她們反超了。崔西講述了看到最後一記絕殺射門穿過球門時的感受：「當最後一記射門穿過球門時，做為運動員的我想：『這是夢想成真了。』」玫瑰隊創造了歷史。她們的第一塊金牌。

為什麼崔西的隊伍成功，而之前很多隊都失敗？答案很簡單：回答「為什麼」這個問題。崔西所在球隊的女隊員放棄了動物學家、律師和醫生等前途光明的職業，都是為了替英格蘭國家隊效力。崔西意識到她需要給她們一種更高的使命感——否則她們為什麼要放棄工作賺錢，而去打投球呢？

崔西告訴我們：「在業餘水準，人們只是出現，完成，回家，做他們的工作。在專業層面，人們想知道為什麼要做這件事，為什麼要投入其中。」

所以，從第一天起，崔西就開始提供更高層次的使命感。她的答案很簡單：籃網球提供了代表每一位英國女性的機會。崔西對一位採訪者說：「這個國家的每一個小女孩都玩籃網球。這是最受歡迎的女性運動……我們一直都知道，我們在為這個國家的每一位女性參賽，並代表她們。」[16] 在我們的 Podcast 上，崔西重申了這一點。她說，女運動員經常被剝奪參加職業比賽的機會：

他們總是說這是沒有前途的，當老師、醫生和律師更有前途……我認為我們現在真正值得讚揚的是，我們有醫生，我們有律師，但我們也有國際世界級的運動員。這是我真正想要改變的第一件事：（展現）做為一項運動和女性，我們可以實現多個夢想。

正如崔西所知道的，這正是這種全力以赴的目標，才建立一個成功的文化。她說：「這讓我們在三年的時間裡每天都努力訓練，甚至在最後兩場英聯邦運動會比賽中也是如此，那兩場比賽是由兩個目標底定的。」[17]簡而言之：目標驅動承諾。

當然，並不是所有的球隊，都能找到像玫瑰隊那樣崇高的目標使命。我們中的大多數人在工作時，並不能代表整個國家的五〇％。但是找到你目標的概念，可以應用於所有的團隊。在我們的採訪過程中，已經能夠辨別出幾種不同的「為什麼」，這些「為什麼」驅動著高效能文化，有些是雄心勃勃的，有些是更務實的，但所有這些都超越了金錢和成功的浮華。

例如，Gymshark的創辦人班．法蘭西斯在他與消費者之間建立社區的願望中，找到了目標——他們不只是顧客，而是志同道合的人，他有機會將他們聯繫起來。其他人的動機主要是為了追求卓越。當我們問英格蘭橄欖球隊總教練艾迪．瓊斯（Eddie Jones），是什麼激勵了他的不懈努力時，他的回答簡潔有力：「我想執教完美的比賽。」與此同時，英力士英國帆船隊打算一勞永逸地證明，英國帆船運動可以稱霸世界。

在某種程度上，目的的確切性質並不重要，重要的是它是否存在。讓你的團隊有使命感，如果你回答了「為什麼」，那麼「什麼」和「如何」很快就會接踵而至。

五個為什麼

豐田汽車公司的創始人豐田佐吉有一個簡單的方法，可以觸及公司內部問題的核心。該方法開發於一九三〇年代，至今豐田仍在使用。

該方法旨在找出任何問題的根本原因。當事情出錯時，你會問「為什麼？」連續五次。豐田佐吉使用這種方法來防止錯誤，而它也可以幫助你來找到真正驅動你的團隊的動力。[18]

以崔西為例，五個「為什麼」可能如下：

你為什麼要執教英格蘭玫瑰隊？成為最好的籃網球隊。

為什麼？在全球錦標賽中贏得金牌。

為什麼？為了證明我們是這個星球上最偉大的籃網球隊。

為什麼？代表英格蘭所有女運動員。

為什麼？激勵下一代女運動員，向她們展示，她們可以實現自己的夢想。

和你認識的人試試，也許可以問問他們的工作。是的，你無休止的「為什麼」可能會讓人有點惱火，但你可能也會對你發現的東西感到驚訝。更深入地研究驅動我們行為的因素，就可以確定建立承諾文化所需的真正目的。

情商勝過智商

「今天在球場上，你們之間只會有一個眼神。沒有言語，只是一個眼神。這就說明了一切。」那是一九九七年六月南非德班的國王公園，伊恩・麥吉漢（Ian McGeechan）正在對他的英格蘭和愛爾蘭獅子隊（British & Irish Lions）講話，當時他們即將與南非進行練習賽。他要求他們展望未來。「三十年後，你們會在街上相遇，那時你們只會有那種眼神，你就會知道你生命中的某些日子是多麼特別。」[19]

在橄欖球界，麥吉漢鼓舞人心的談話已經出了名——而且是很有說服力的。許多球員都曾自豪地穿上獅子隊的球衣，麥吉漢比任何人都更能體現球隊的精神。

這位蘇格蘭人與雄獅的關係始於球員時期，在一九七四年和一九七七年的巡迴賽中，嘗到南非的勝利和紐西蘭的失敗。一九七九年，他從國際橄欖球界退役，但繼續擔任教練，最初是蘇格蘭教練組的助理。一九八九年，他第一次執教獅子隊澳洲之旅，帶領球隊從令人失望的第一場測試賽，走向令人眼花撩亂的系列賽勝利。

但他的整個職業生涯，都在為一九九七年的那一刻而努力。獅子隊是徹底的弱者。然而，在麥吉漢的演講之後——他強調了「那個樣子」——團隊完成了一些非同尋常的事情。他們克服重重困難，以二比一獲勝，成為第三支在南非贏得測試系列賽的巡迴賽球隊。

當我們把麥吉漢帶到高效能 Podcast 時，他告訴我們這是發自內心的演講。「我在打球的時候就經歷過那種眼神，」他告訴我們：「**只要看著隊友的眼睛，就知道你尊重他們，你明白他們為球隊付出了什麼，讓他們知道你會支持他們，這是一種很強大的感覺。**」

麥吉漢的見解，暗示了建立承諾文化的第二個關鍵途徑：透過情感連結的力量。

要理解這些連結的力量，有必要看看卡內基梅隆大學（Carnegie Mellon University）和麻省理工大學的迷人的研究。[20] 一組心理學家開始評估團隊的情緒紐帶是如何影響其表現。為此，他們組織了一項大型研究，將六百九十九人分成一百五十二個小組。

每個團隊都面臨一系列取決於有效合作的挑戰。其中一項任務是將複雜、矛盾的購物清單整理成一張一目瞭然的清單，另一項是關於如何集思廣義使用積木的方法（你可以為每個獨特的想法獲得一個點數）。面對這些令人迷惑的任務，有些團隊團結得很好，而另一些團隊則四分五裂。

更令人驚訝的是，是什麼讓一個團隊有可能成功。研究人員發現，智力起不到什麼作用。

研究人員事先測試了受試者的智商，團隊的智力水準對結果沒有影響。但也有一些特徵確實能區分出表現最好的團隊。

首先，最好的團隊中每個人說話的量是一樣的。是的，在某些任務中，一兩個團隊成員會帶頭，但在一整天的測試中，每個人都說得一樣多。另一方面，表現最好的團隊被發現具有「較高的平均社交敏感度」——他們有能力識別隊友的感受，並做出適當的反應。（學者們給所有參與者幾張陌生人眼睛的照片來測試這一點，並觀察他們如何處理自己的情緒。）[21]總而言之，最好的群體是那些對彼此有高度情緒洞察力的群體。

研究人員將這種技巧稱為「情商」（emotional intelligence），或稱EQ。它指的是一群人不假思索地、潛移默化地讀懂彼此情緒的能力，就像麥吉漢描述的「表情」一樣。

似乎當團隊的成員了解彼此的情緒時，他們就能更好地合作，他們感到更有動力。從長遠來看，他們會更加忠於組織文化。

那麼，問題就很簡單了：如何才能提高一個團隊的情商？

這聽起來可能是徒勞，我們都知道提高智商有多難，為什麼提高情商會更容易呢？但科學是明確的。情商從來都不是一成不變。用暢銷書《情商2.0》（*Emotional Intelligence 2.0*，暫譯）的作者特拉維斯・布拉德貝里（Travis Bradberry）的話來說，情商是「高度可塑的」。他說：「當你透過反覆練習新的情商行為來訓練你的大腦時，它就建立了使這些行為成為習慣所需的途徑。」以高情商的方式行事能提高你的情商。[22]

我們可以透過回顧凱文・辛菲爾德的成功看到這個過程。辛菲爾德是里茲犀牛隊的前隊長，也是我們最發人深省的高效能者之一。辛菲爾德與他的球隊有著比大多數人更強烈的情感連結：他十三歲加入犀牛隊，十六歲首次參加成年隊比賽，二十二歲就成為隊長。但他接手的球隊情況並不好：當他成為隊長時，里茲犀牛已經三十多年沒有贏得過聯賽冠軍了。在辛菲爾德的時代，這種情況發生了巨大的變化。在他的領導下，犀牛隊在十二年內七次贏得聯賽冠軍，成為二十年來最成功的橄欖球聯盟球隊。

這是一個謎。從帳面上看，里茲犀牛從來都不是資源最豐富、人才最多的一隊。辛菲爾德不是球場上最強壯、技術最好的球員，即使是他自己也承認。英格蘭隊教練史蒂夫・麥克納馬拉（Steve McNamra）曾經說過：「如果辛菲爾德知道他不會是球場上最好的球員，他就會確保自己是準備最充分的。」[23]

那麼，是什麼導致了犀牛的成功呢？答案在於團隊的承諾文化。辛菲爾德不斷強調，他最大的承諾是對他的隊友：「**我一直覺得，我的工作是幫助人們變得比他們想像的更好。**」他告訴我們。

尤其值得一提的是，辛菲爾德有提高團隊集體情商的訣竅。辛菲爾德回憶道：「這純粹是我們的文化造成的，我們準備好了為彼此演奏，我們感到安全，彼此信任，我們相信我們在做的事情。我們很快就意識到，我們和這個優秀的團隊正在做一些特別的事情。」

然而，在這次採訪中，我們發現最令人驚訝的是，這種情感連結並不是自然而然產生的。這是辛菲爾德藉由深思熟慮後，精心打造出來的東西。它們是任何團隊成員都可以從中學習的一種選擇。

一方面，辛菲爾德對待隊友總是友善體貼。他的隊友加雷斯・艾理斯（Gareth Ellis）告訴我們：「凱文從來沒有對我吼過，如果我不夠努力，他只會看我一眼。這就足夠了。他幫助創造了一種大家都不想讓對方失望的文化。」24

當辛菲爾德的隊友羅布・伯羅（Rob Burrow）被診斷出患有運動神經元疾病時，這種關心、深情的態度達到了頂峰。辛菲爾德希望俱樂部盡其所能幫助他的朋友。辛菲爾德在 Podcast 節目上說：「我絕對願意為他做任何事。」因此，他竭盡全力幫助他的朋友——在七天內跑了七場令人眼花撩亂的馬拉松——以提高人們對伯羅疾病的認識。

他為什麼要這麼做？因為他和同事的關係。辛菲爾德說：「我很幸運，曾在多個不同的冠軍球隊效力。但現在對我來說，友誼和回憶才是最重要的。」

另一方面，辛菲爾德確保定期與里茲犀牛隊的每一個人交談——從球隊助理到領隊。想想場地管理員傑森・布斯（Jason Booth）的話：「他對我們說，他知道俱樂部所有工作人員的名字。無論你的工作或職位是什麼，他都會過來和你聊天，他總是感謝你的幫助和貢獻。他讓每個人都覺得自己很特別。」[25]對辛菲爾德來說，了解他的同事——他們孩子的名字、他們的生日、他們去哪裡度假——是建立聯繫感不可或缺的一部分。

辛菲爾德的例子表明，情商很容易掌握。很簡單，但並不容易：這需要長期、持續的努力。如果你想提高你的情商，那就記住別人的名字，以及他們家人和孩子的名字。確保你給團隊中的每個人發言的機會。積極地研究團隊中每個成員的情緒反應，無論他們的級別多低。每個人看起來都很舒服嗎？小組裡有沒有什麼習慣會讓一些成員感到不安？我們的目標，是在團隊中的每個人之間，建立一種異常強烈的情感連結。

隨著時間推移，每個人都將學會像麥吉漢教練一樣有效地解讀「表情」。

高效能維修站 *High Performance Pit Stop*

以人為本

達米安

有一次，我和傳奇拳擊教練安吉洛・鄧迪（Angelo Dundee）相處了一天。我認識他的時候，鄧迪已經和十幾個世界拳擊冠軍合作過了。最著名的是在拳王阿里最著名的比賽中，在拳擊臺的角落支持他，包括「叢林之戰」和「馬尼拉之戰」。

我就像進了糖果店的孩子，渴望聽到鄧迪的軼事，領會他的哲學。「這個鬥士到底是什麼樣的？」「那拳擊手是怎麼處理的？」「你對那個拳擊手說了什麼？」在一個小時左右的時間裡，鄧迪一如既往地友善，滿足了我的好奇心。但最終我的問題變得有點空洞了，鄧迪抓住這個機會教了我簡單但有力的一課。

「達米安，」他說：「我認為你可能誤解了我的工作。我不和拳擊手們一起工作。」我內心出現了一陣混亂。我很確定他是這麼說的。我感到一種困惑和尷尬的表情爬上了我的臉。然後鄧迪繼續說：「我不和拳擊手一起工作。我和碰巧以戰鬥為生的年輕人一起工作。」

採訪結束後，我花了很長的時間思考鄧迪的話。他是什麼意思？隨著時間推移，我逐漸明白了他的意思。這些拳擊傳奇最初並不是拳擊手，他們是人，有愛有恨，有野心也有失望。做為他們的教練，要意識到他們首先是人，其次才是戰士。

這是對情商重要性的深刻理解。今天，我知道建立一個高效能團隊，就是要把你的同事當作個體來理解。想想他們的情緒，問問他們的家庭，想想他們在想什麼。他們首先是人，其次才是潛在的高效能者。

讓人們有安全感

哈佛商學院組織心理學家艾米·艾德蒙森（Amy Edmondson）的職業生涯都在研究優秀團隊的科學。她的興趣始於一九九〇年代初。在她學術生涯的早期，另一位教授請艾德蒙森幫助她研究為什麼會出現醫療事故，於是她開始記錄波士頓醫院發生的事故數量。她走訪病房，與醫生和護士交談，密切觀察事情的發展。[26]

艾德蒙森注意到的第一件事是，每家醫院每天都有數量驚人的錯誤。她後來說：「你會對每天發生的錯誤數量感到震驚。」這並不是因為醫院無能，而是因為醫院真的是一個複雜的地方。她告訴查爾斯·杜希格。杜希格在《為什麼這樣生活會快、準、好》一書中生動地講述了整個故事。[27] 有些失誤很可怕：艾德蒙森親眼目睹一名護士不小心給病人麻醉劑，而不是血液稀釋劑；她注意到另一個病人服用的是安非他命，而不是阿斯匹林。艾德蒙森逐漸意識到，有些錯誤相當不可避免，但很明顯，有些病房比其他病房更容易出錯。

艾德蒙森提出了一個假設：也許，她認為，團結得最好的團隊不太可能出錯。於是她做了一個實驗。艾德蒙森和她的團隊製作了一份問卷，來衡量任何特定病房的團隊合作情況。結果很奇怪。當她整理資料時，艾德蒙森發現，團隊合作良好的病房犯的錯誤要多得多。她被弄糊塗了。最具凝聚力的團隊怎麼會落得最差的結果呢？

在研究了數週的資料後，艾德蒙森靈機一動。為了驗證她的新理論，她問了病房裡的護士一個問題：「如果你犯了錯誤，這會對你不利嗎？」在這裡，也有各式各樣的反應：在一些病房裡，每個人似乎都懷著令人眼花撩亂的怨恨；而另一些病房，錯誤會立即得到原諒。但這一次，答案更有意義了。在人們覺得同事心懷怨恨的地方，報告裡的錯誤較少；當人們覺得他們被允許犯錯時，更多的錯誤就會被記錄在案。正如杜希格後來總結的那樣，「並不是強隊更容易犯錯。相反地，是那些屬於強隊的人更容易承認自己的錯誤。」[28]

這就是艾德蒙森最重要的想法起源，這個想法改變了世界各地的運動團隊和公司。她稱之為「心理安全」（psychological safety）。

想像一下，在這樣的工作場所，你因為害怕顯得無能而不敢提問或分享想法。你永遠無法真正做自己，也永遠無法真正放鬆。這是充滿心理危險感的工作場所。你總是處於邊緣。現在，想像一下，在這樣的工作場所，每個人都可以安全地承擔風險，提出自己的觀點，問愚蠢的問題，並承認自己的失敗。你可以放鬆警惕，因為你知道自己不會被嘲笑或被解雇。這個工作場所提供心理上的安全感。

根據艾德蒙森的說法，在心理安全的環境中，「團隊成員有一種共同的信念，認為團隊是一個安全的冒險場所。」這樣做的目的是建立一種「團隊不會因為某人的發言而感到尷尬、拒絕或懲罰的自信感。」[29]你可以承認錯誤和失敗，知道你不會被評判或懲罰。

自從艾德蒙森開始她的研究以來，心理安全已經成為全球管理中最有影響力的思想之一。[30]最著名的是，Google曾對一百八十個團隊進行了一項大規模研究，分析了二百五十多個不同的團隊屬性，發現心理安全與表現最好的團隊密切相關。[31]

問題是，在我們的日常生活中，有許多壓力阻礙我們在團隊中建立心理安全感。從短期來看，專注於創造信任的行為可能很艱鉅。如果你是一名經理，通常更容易解雇初級員工，以便快速做出決定，或對影響公司底線的明顯錯誤表示不滿。然而，這些小小的舉動，最終會對心理安全產生腐蝕作用。

我們如何防止這種趨勢破壞團隊？在高效能Podcast中，一些最好的見解來自崔西・奈維爾。做為承諾文化的典範，英格蘭玫瑰比任何人都更能體現心理安全的力量。

崔西毫不含糊地說她改變了球隊的氣氛。她回憶道：「我剛到的時候，這裡不是一個快樂的地方。我們必須改變心態。」這是本書作者之一，達米安，在擔任球隊教練顧問時親眼目睹的。在最初的幾個月裡，崔西一直專注於一件事：營造她做為球員時，曾在其中茁壯成長的那種環境。我們不斷回到這樣的事實：最好的文化讓人們感到安全、有價值和受尊重。

所以崔西開始讓人們感到安全。她對我們說：「我的第一個想法，是投入大量時間到團隊凝聚力上。」

在曼徹斯特雷霆，我有時間和我的球員建立關係，創造信任和忠誠的感覺。當我被任命為國家隊教練時，我們做了不同的事情，讓她們有了很多社交互動，也帶來了很多歡笑。這有助於打破任何障礙。

這裡的目標是在球員之間建立一種信任感，她們可以彼此誠實和開放——就像艾德蒙森曾呼籲的那樣。正如玫瑰隊隊長阿瑪・阿格貝茲（Ama Agbeze）曾經說的：「我們在場下合作得很好。我們都對彼此有信心。」[32]崔西的經驗表明，一旦有了信任感，其他事情就會變得更加容易。

其次，崔西希望她的團隊能夠坦然面對彼此的失敗。她告訴我們：「**如果我們想贏**，就得另闢蹊徑。**我們必須習慣失敗，快速失敗，然後變得更好**。」這是她在訓練中一直強調的一點：「我允許她們嘗試我的方法，並接受她們有時可能會出錯的事實。」她繼續說：「犯錯只是另一種學習方式。」

於是在練習中，她安排活動，讓球員走出自己的舒適圈，讓她們習慣犯錯。有一次，她邀請了由她的雙胞胎哥哥菲爾執教的英格蘭獅女足球隊，和她們的籃網球隊員一起訓練。她們進行了一系列的競技比賽，其中一場是交換運動，獅女隊打籃網球，玫瑰隊踢足球。

結果是一個安全、信任和關懷的環境。每個人以前都曾在對方面前失敗過，所以她們覺得有能力再一次推動自己，甚至可能再次失敗。在我們的採訪中，崔西告訴我們，在她的玫瑰隊贏得二〇一八年英聯邦運動會時，她和她們變得多麼親密。「有時候是團隊讓你每天一覺醒來，重新開始工作。」她說：「她們就像你的家人，所以你覺得和這群球員在一起，可以成就任何事情。」

崔西的方法與我們在本課中遇到的其他高效能文化一致。從托特納姆熱刺到里茲犀牛，成功的球隊培養了一種信任感和開放性。在這種文化中，人們可以坦白自己的弱點，甚至是失敗。心理安全得到了好處。

高效能維修站 *High Performance Pit Stop*

安全網

達米安

當我與崔西和英格蘭玫瑰隊合作時，我們用了一個簡單的練習，來研究這種文化在心理上的安全程度。每隔四週，我們會要求球員回答以下問題。我們從艾德蒙森關於心理安全的開創性論文中，借用了這些問題。[33]

- 如果我在團隊中犯了一個錯誤，我是否會覺得這是針對我的？
- 我的同事能提出問題和棘手的爭議嗎？
- 冒險安全嗎？
- 向這個團隊的其他成員尋求幫助困難嗎？
- 當我和同事一起工作時，我是否覺得自己獨特的技能和才能，得到了重視和善用？

這個練習是在獲得英聯邦運動會金牌的整個過程中還算便利的清單，你也可以使用。試著在你自己的工作生活中問這些問題，甚至問你的團隊。你的環境在心理上有多安全？你能做些什麼來建立每個領域的安全感呢？

文化就是人

英格蘭國家足球隊主帥蓋雷斯·索斯蓋特（Gareth Southgate）說：「我們在每一個行業、每一項運動中，都談論很多文化。文化是人創造的。」

此時距離二〇二一年歐洲足球錦標賽，還有幾週的時間，英格蘭隊的總教頭向我們講述了文化的重要性。

在我們所有的高效能者中，索斯蓋特的見解也許是最引人入勝的。這個人在英格蘭隊最低迷的時候，接管了主帥這個角色。

在二〇一六年慘敗冰島之後，英格蘭隊被視為國家的恥辱。森姆．阿勒代斯（Sam Allardyce）被任命為總教練，但僅在一場比賽後就被解雇。三獅軍團已岌岌可危。

在隨後的幾年裡，英格蘭隊發生了變化。二〇二一年，索斯蓋特被提升到與另一位國寶級足球員阿爾夫．拉姆西（Alf Ramsey）同等地位，成為第二位連續兩屆聯賽帶領英格蘭隊進入準決賽的人。

當索斯蓋特帶領三獅軍團，自一九六六年世界盃以來，首次進入國際賽事決賽時，英格蘭的興奮之情已經達到了狂熱的程度。儘管他們在決賽中十二碼球不敵義大利，但所有人都同意：這支英格蘭隊與眾不同。

索斯蓋特是怎麼做到的？我們可以把它歸結為：承諾文化。當我們問他希望在英格蘭營造什麼樣的氛圍時，他的回答幾乎是一字不差的定義。「我想讓他們享受它⋯⋯想要去那裡，想要成為他們覺得高水準、令人愉快的事情的一部分，這在文化上是正確的，我認為這對人們來說非常重要。」

但他也告訴了我們一些驚人的事情。他說，關鍵在於「大樓裡有合適的人」。為什麼？因為「文化是人創造的」。

我們認為，這引起了一種有趣的緊張。

如果文化是「人創造的」，領導者如何自上而下地創造文化？畢竟，索斯蓋特並不是一個羞於當領導的人。他說：「我認識到，**人們必須被領導**，他們會向領導者尋求答案，尤其是在面臨壓力的時候。**但每個人都有責任創造環境**。」

那麼，領導者在建立文化中扮演著怎樣的角色呢？索斯蓋特建議，答案是以身作則。他說，這是你每天都在做的事。「我可以和球員們談論我想要的事情。如果我站在場邊，我的行為就完全不同了……他們不會認為犯錯或無所畏懼地打球是可以的。」

索斯蓋特的見解是打造高效能團隊的最後一個要素。文化是由每個人共同創造的，但這並不代表領導者可以放棄他們的責任。領導者的職責是樹立榜樣，這樣他們的團隊才能真正有家的感覺。

不只是英格蘭足球隊。想想崔西，她用自己的行動塑造了玫瑰的文化。告訴她們，即使失敗，開放也是可以的。

或想想辛菲爾德，他對里茲犀牛隊每一位員工的談話，向他的團隊展示了什麼是良好的文化。

或想想波切蒂諾，和他的每一個球員握手，這一切都是為了向他的年輕球隊展示「宇宙力量」的能力。

經濟學家巴斯・特・維爾（Bas ter Weel）研究過足球隊的內部動態，他將經理人對經濟的影響，與首相對經濟的影響進行了比較：儘管兩者微不足道，但沒有其他個人的影響力比他們更大。[34] 這有點像個人在塑造一種文化中的作用。

領導者無法獨自創造一種文化。畢竟，文化就是人。

但領導者可以樹立榜樣。他們可以向他們的團隊展示什麼是積極的氛圍。如果文化掌握在誰的手中，那就是他們的。

課程摘要

- 文化無處不在，但我們經常忽略它。這是一個錯誤。因為如果你能打造一種高度敬業的「承諾文化」，那麼高效能自然就會隨之而來。
- 承諾文化有三個組成部分。首先，意義。人們需要目標感。試著回答這個簡單而又重要的問題：我們為什麼要這樣做？
- 第二，聯繫。嘗試增進一個團體的情感連結。經常評估：你的隊友是高興還是悲傷，有動力還是士氣低落？
- 第三，安全。團隊成員必須感到能夠犯錯。不要心懷怨恨，學會接受失敗。
- 記住索斯蓋特的法則：「文化是人創造的。」這表示文化是每個人的責任——從助理到經理，從秘書到執行長。

高效能從來不是欺騙自己，
這是關於成為你自己。

結語　表現的勇氣

我們坐在位於米爾頓凱恩斯的紅牛 F1 賽車辦公室的會議室裡。我們周圍的一切都是車隊成功的標誌：四個世界冠軍獎盃在櫥櫃中占據了最重要的位置，一幅六英尺高的紅牛賽車的版畫在我們頭頂若隱若現。在我們面前的是促成這一切的人：團隊負責人克里斯提安．霍納（Christian Horner）。我們問了他一個經典的問題：高效能對你來說是什麼？

霍納滿懷興致接受了這個問題。即使按照我們最雄心勃勃的受訪者的標準，他的回答也範圍廣泛：

> 最終，是汽車。但它也會產生和關注你的表現，在所有方面都有貢獻。它讓人發揮最大的作用——盡你所能做到最好。要了解自己的弱點和長處。**它包含競爭和生活的方方面面**。

換句話說，它是一切。

在本書的開頭，我們把高效能比作F1賽車。高效能來自於無數小部件的協同工作：電機和底盤，工程師和司機，思想和身體，個人和團隊。表現最好的人就像一台運轉良好的機器，每一次轉動，每一滴油，每一次踩油門，都能推動他們前進。

正如霍納可能會說的：高效能與汽車有關，但也與對汽車有貢獻的一切有關。

到目前為止，我們希望你已經看到當汽車平穩運行時會發生什麼。第一步是高效能的心態。把它想像成汽車的引擎，它將給你在高效能的道路上加速前進的動力。但這並不簡單。就像F1引擎一樣，高效能心態需要巧妙的工程設計和不斷的檢查。

這個過程有三個步驟。一切都始於對自己的行為負責。發生的一切可能不是你的錯。一般的情況下，所有人的生活都是由我們無法控制的力量決定的，但你有責任以最有效的方式處理所發生的事情。目標是發揮心理學家所說的「高自我效能」——這是一種感覺，發生在你身上的一切，都掌握在你自己手中。記住羅賓·范佩西的那句話：「失敗者只知道該責怪誰，該指責誰。勝利者責備自己。」

其次是動力。高效能者很少受到外部因素的驅動，無論是加薪還是升遷。相反地，他們的動力來自內部。記住自我決定理論的見解，表明了最有動力的人是那些被任務的內在完成驅動的人。幸運的是，這種內在動機是我們都可以設計的。正如英國最精壯的札克·喬治告訴我們的那樣：「動力是一種選擇，而不是簡單地發生在你身上的某件事。」

然後是你的情緒。這不是一本想讓任何人壓抑自己的情緒或把它們藏起來的書，但有一些方法可以健康應對影響所有人的負面情緒：焦慮、壓力、絕望。訣竅在於控制你的「紅色大腦」，這樣你就能在壓力下冷靜思考。我們都可以從面臨的問題中退一步，問自己三個問題：我真正需要做的是什麼？我有什麼能力可以幫助我處理這個問題？到底什麼才是最關鍵的呢？

但那只是汽車的引擎。高效能汽車的第二個組成部分是行為。把它想像成汽車的底盤。如果引擎為汽車提供動力，底盤允許它沿著軌道移動。這就是高效能行為提供的：它們讓你在生活中前進，而不是停留在原地。

通往高效能行為的旅程也有三個步驟。首先，你需要發揮你的長處。高效能者知道，糾結於自己的弱點是有害的。相反，他們會發現自己的獨特技能，並發揮自己的特長。但如何做呢？首先要保持警惕。留意那些你似乎很擅長的時刻，並考慮為什麼。特別要記住三個R：識別（recognition）、反思（reflection）和節奏（rhythm）。別人有沒有發現你的優點，並告訴你的時候？當你回顧過去的成功時，是否有一些技巧能讓你善用它們？有沒有什麼任務讓你完全沉浸其中，你只需要工作的節奏來維持自己？

一旦你發現了自己的優勢，就可以開始朝著利用這些優勢的生活前進。但即使是精心選擇的道路，也未必總是平坦。你需要能夠克服你面臨的任何障礙——你可以透過獲得一個靈活的觀點來做到這一點。我們的高效能者有一種技巧，能夠創造性地應對他們最棘手的問題。他們增強自信，走出自我，學會從新的角度看待問題，甚至尋求他人的幫助來解決問題。靈活思維的力量曾被破紀錄的奧林匹克帆船選手安斯利總結過：「當世界轉時，我傾向於彎。」（When the world zigs, I tend to zag.）

但有時有創造力是不夠的。在大多數時間裡，光有創造力還不夠。最令人印象深刻的人，都是堅持不懈的人：把一次性的行為變成長期的習慣。為了做到這一點，他們利用標誌行為的力量。這些都是不容置疑的、始終如一的行動，它們推動你走向成功。對於伍德沃德的英格蘭橄欖球隊來說，這不只代表要準時，還要提前；對於佛格森的曼聯來說，這表示穿著得體。無論他們選擇什麼，所有高效能者都會找出一些不可商量的條件，並堅持執行。這些習慣是可以改變的。正如伍德沃德告訴我們的：「如果你很優秀，你就會成功。如果你始終沒變，你就會留在那裡。」

然而，任何看過F1比賽的人都知道，賽車不是一切。比賽的勝負取決於支援團隊：團隊負責人、工程師和幕後戰術家。當一輛汽車駛進維修站時，數十人會來更換輪胎並給車輪潤滑。你還需要高效能的團隊來贏得比賽。

怎麼做？我們每個人都有能力領導身邊的人。然而，好的領導者未必是獨裁者。他們不進行微觀管理，也不需要這樣做。在許多方面，真正的領導力是不干涉。這是關於設定大膽的目標，並相信你的團隊能夠實現這些目標。這是要找到你身邊天生的副手——文化建築師——他們可以營造高表現的工作氛圍。

這就引出了文化。成功不僅自上而下，而是來自下而上。你需要讓團隊中的每個人都覺得自己致力於團隊的目標。因此，提高效能的最後一步，是建立一種「承諾文化」：讓你的團隊清楚知道他們為什麼應該關心團隊，並創造一個安全、培養的環境，讓他們可以做自己。正如崔西·奈維爾所說：「**人們想知道他們為什麼這麼做**。」回答這個問題，一種充滿活力的文化就會隨之而來。

引擎，底盤，支援人員。心態，行為，團隊。但你可能會想，這一切的驅動力在哪裡？答案很簡單。

是你。

只有你能設定車子的方向。

只有你才能開車繞過最急轉彎。

只有你能在直道上加速。

很多人會在你走向高效能的過程中幫助你。但你才是開車的人。

勇氣的呼喚

但是少了點什麼。最後一個特點是潛伏在每一個 Podcast 採訪的背景中，安靜而謙遜。我們的許多高效能者都太謙虛了，甚至不願提及這個問題。

勇氣。

正是這種勇氣讓比利・蒙格在失去雙腿幾個月後，重新駕駛賽車。

正是這種勇氣讓凱莉・霍姆斯在二〇〇四年雅典奧運奮力爭取金牌，即使所有人都說她太老了。

正是這種勇氣讓蓋雷斯・索斯蓋特相信，他可以改變一支士氣低落的英格蘭隊，敢於從頭開始重建他們的文化。

在你的高效能之旅中，你也需要有勇氣。通往高效能的道路是艱鉅的。顧名思義，它包括遠離平凡：那些你多年來一直保持的心態，那些構成你日常生活的行為，你處理人際關係的方式——不僅是與你的同事，也包括與朋友和家人。

成為高效能人士需要改變。改變是可怕的。你需要勇敢。

然而，勇氣常常被遺忘。在研究高效能的過程中，我們遇到了幾十本關於管理風險和騎牆派的書。關於勇敢的力量，我們遇到的太少了。這就像去書店買《性愛聖經》（*The Joy of*

Sex），卻被告知沒有關於性的書，只有二十多本不同的減輕陽痿的書。雖然勇氣不是成功的保證，但沒有勇氣幾乎不可能成功。

因此，我們選擇用對勇氣的讚美來結束這本書。

但勇氣到底是什麼？乍一看，答案似乎很簡單。它是關於永遠不要感到害怕——即使當你面臨最可怕情況的時候。不是嗎？畢竟，如果像安東尼·米德爾頓這樣的人也像我們一樣容易恐懼，他就不可能領導打擊塔利班的任務。如果崔西·奈維爾很容易被嚇倒，那她怎麼能從終結職業生涯的傷勢，轉變為英格蘭玫瑰隊的革命呢？

然而，這是一個謊言。高效能者確實會感到恐懼。通常情況下，他們的感受甚至比其他人更強烈。

想想強尼·偉基臣對他職業生涯早期，在他開始自我發現之旅之前，如何看待橄欖球的描述。在為比賽做準備的過程中，他會經歷「一種嚴重的恐懼，害怕我即將經歷的，或已經經歷過的事情會定義我」。

再比如湯姆·戴利對自己十幾歲時進入生高峰期、突然失去跳水能力的描述：「我記得我的腳撞到了跳板，我的頭撞到了跳板。很多次我都是平躺著，以至於我都害怕了。我不能再上去了。」最終，他對跳板產生了恐懼：「我就是，我不知道該怎麼做。我害怕得不敢跳。我做了這麼多年的事情，我太害怕了，不敢去做。」

或者想想凱利・瓊斯，他在整個職業生涯中與恐懼爭鬥的描述：「我們都害怕每個東西，我們都害怕來到這裡……你可以挑出無數個問題，但歸根結底都是同一個基礎：恐懼。」

這些人都是高效能者，他們是勇氣的象徵。然而他們都經歷過恐懼——有時是極度的恐懼。他們的故事告訴我們，勇氣並不是表面看起來的那樣。真正的勇氣不是壓抑恐懼，或完全避免恐懼。勇氣是感受恐懼，擁抱恐懼，並找到一種茁壯成長的方法。

蓋雷斯・索斯蓋特說得最簡單。「**對任何運動員說『無所畏懼地比賽』是不現實的**。我是說，那是什麼？這是無稽之談，因為這是最難的事情。」他告訴我們。「這是為了確保我們不會被它吞噬，也確保它不會抑制我們。」

我們需要一種新的思考勇氣的方式。

超越恐懼

那麼，我們怎樣才能培養真正的勇氣呢？這種勇氣不是壓抑我們的恐懼，而是擁抱它？

我們詢問了幾十位高效能者如何克服恐懼，他們的回答涉及面很廣。世界拳擊冠軍喬許・沃靈頓（Josh Warrington）告訴我們，恐懼就像一團火。它可能吞噬你，也可能溫暖你，這取決於你的反應。賽車手詹森・巴頓（Jenson Button）向我們解釋說，只有當他學會用語言表達自己的恐懼時，他才能從恐懼中解脫出來。Not On The High Street 的荷莉．塔克向我們講述了她與恐懼的模糊關係：儘管她經常覺得自己像個冒牌貨，但她告訴我們她「不害怕失敗」，因為她總是展望未來。

這些高效能者為我們提供了建立真正勇氣的工具。同樣的解決方案一遍又一遍地出現，是我們都可以使用的解決方案。

首先，尋求幫助。在本書中，我們一次又一次地看到，通往高效能的道路可能很孤獨。我們一次又一次地看到，解決之道在於依靠我們信任的人。我們已經看到，當班．法蘭西斯覺得他做為 Gymshark 的執行長的責任太多時，他轉向他的同事，知道他們可以承擔責任。我們也看到，在擔任里茲犀牛隊隊長時，凱文．辛菲爾德是如何尋求隊友的支持，來緩解壓力的：「你在這方面比我做得好」，或「我認為你的聲音在這裡會比我的更能引起共鳴」。

當你身邊有你信任的人，高效能的負擔就會減輕。這種恐懼是共同的。突然之間，勇氣變得可能。

好萊塢演員馬修．麥康納，比任何人都更有力地向我們說明了這一點。他的職業生涯經歷了令人眼花的高潮和可怕的低谷，從被嘲笑為「浪漫喜劇男，海灘上赤膊男」（他告訴我們的），到成為他那一代最受尊敬的演員之一，憑藉在《藥命俱樂部》（*Dallas Buyers Club*）中的表演獲得奧斯卡獎。我們想知道，他是如何在這一切中保持勇氣的。答案在於他的人際關係，尤其是他對家庭的承諾：

在生活中找到我們可以致力去做的事情是一種天賦。它給了我們一個指南針，在這個世界上的錨。我的家庭不容商量，我做為一個父親，不容商量，做為一個先生，不容商量。擁有這些，然後說：「好吧，每當世界上沒有任何東西是有意義的，我就擁有它。」我知道如果我能做到這一點，我就不會出錯——我有更多勇氣走得更遠，嘗試不同的東西。

但是，光靠他人的支持是不夠的，我們也需要相信自己。這就引出了我們建立勇氣的第二條原則：記住你已經走了多遠。你的高效能之路將是漫長的。會有挫折在其中。在這些時刻，你會很容易忘記你取得的成就。這本書描述了凱莉．霍姆斯一個人在法國的旅館房間裡，感覺自己是一個失敗者——然而在那個時候她是世界上跑得最快的女人之一。它講述了羅賓．范佩西在雪橇上，說服自己他無法控制自己的生活——儘管他是兵工廠歷史上最有前途的年輕球員之一。

當恐懼吞噬一切時，試著回顧你所取得的成就。你有能力成為你想成為的人，你只需要提醒自己你所擁有的技能。

還記得迪娜．阿舍爾-史密斯在二〇一九年世界田徑錦標賽上，是如何應對對失敗的恐懼的嗎？在最初的緩慢啟動後，她開始恐慌。當她對自己的表現感到越來越有壓力時，她的教練約翰・布萊基提醒她，她已經取得了這麼多成就：「下次你只要走出去，像往常一樣開始就行了。這就是你要做的。」正如阿舍爾-史密斯所說，布萊基的天才之處在於「肯定你已經擁有的東西就是你需要做的，然後去贏得勝利」。她成功了。我們都可以吸取這個教訓，記住自己已經取得的成就。在通往高效能的道路上，你可能比你想像的要走得更遠。

然而，如果你還是失敗了，該如何應對？當一切都不對勁的時候，你怎麼能感到勇敢？這就是對勇氣的第三種洞察的力量：不要害怕失敗，要慶祝失敗。

你看，失敗是不可避免的。在這本書中，你已經讀到了曼聯總教練奧萊・貢納・索爾斯克亞領導卡迪夫城的災難性嘗試，最終導致了球隊多年來最糟糕的一個賽季。你一定聽說過一九九〇年代末，里奧・費迪南德狀態下滑，導致了他人生中最大的失望——二〇〇〇年被排除在英格蘭大名單之外。如果你翻看過這本書的前言，你會想起一位作者在 A-Levels 考試中不及格。

我們都經歷過失敗。失敗是可怕的。它讓我們想要放棄。

但我們也看到，失敗並不是什麼可怕的事情。如果我們從未失敗過，那就表示我們從未嘗試過。失敗甚至可能是有用的——畢竟，這是找出不該做什麼的最快方法。你可能還記得英格蘭玫瑰隊的崔西・奈維爾的咒語：「我們必須習慣失敗，快速失敗，然後變得更好。」

因此，真正的勇氣是正視失敗，並克服它。要知道失敗並不是什麼可怕的事情。當你周圍的人失敗時，不要心懷怨恨，因為你知道失敗是成就卓越的動力。

當利物浦傳奇球員史蒂芬．傑拉德出現在我們的 Podcast 上時，他毫不含糊地談到了失敗的力量。他告訴我們：「我認為有時候**失敗會幫助你變得更好。分析，反思，找出如何和為什麼——然後再來過。**」這並不是要否認失敗對我們的影響。「這很可怕，但它確實發生了。」傑拉德說。最終，失敗變成了每天都有的事情。

也許我們無法根除對失敗的恐懼。但我們可以正視失敗，擁抱它。這才是真正的勇氣。

真實的表現

「當我二十三歲成為水晶宮的隊長時，我想成為第一個競爭者，最後一個在酒吧裡的人。我覺得我必須實現所有這些目標，才能成為領導。」

蓋雷斯．索斯蓋特告訴我們他第一次當領導的經歷。出乎意料的是，在他職業生涯的早期，他發現自己是水晶宮足球俱樂部（Crystal Palace Football Club）的掌舵人。他感到壓力很大，要成為球隊崇拜的那種有統治力的球員。

然而，三十年後，我們面前的這個人，已經以他謙遜、善良和冷靜的領導風格而聞名。這種作法贏得了英格蘭隊和一代球迷的喜愛。在我們採訪的幾週內，這種風格將使英格蘭隊取得半個多世紀以來，在重大賽事上的最佳表現。

我們想知道，更年輕、更魯莽的索斯蓋特發生了什麼事？正如索斯蓋特所說，他已經意識到，領導者不需要成為「Alpha 男」（編按：自信、有領導能力、具侵略性的男性特質）。「人們可能會認為，因為我看起來更冷靜、更體貼，我就不那麼在乎這個特質，或者我對它沒有那麼熱情。」他告訴我們：「這是我的動力，我要向人們證明，（領導力）確實能激勵我，但以另一種方式。」

索斯蓋特告訴我們，他成功的關鍵很簡單：真實。「我認為我們的聯盟擁有很多世界上最好的教練。他們都有不同的方式，但**他們必須做自己——必須是對他們來說最真實的方式。如果你不是你自己，一英里外就會有人聞到。**」

這時，索斯蓋特提到了真正勇氣的最後一個成分。我們每個人身邊都經常有人告訴我們應該做什麼，應該成為什麼樣的人。通常情況下，這個建議是很誘人的，它指引我們做「正確的事情」。馬修．麥康納職業生涯的大部分時間，都在尋找浪漫喜劇的工作：這似乎是正確的事情。索爾斯克亞接手了卡迪夫城的管理工作：這似乎是正確的事情。索斯蓋特成了水晶宮的老大：這似乎是正確的事情。

但這所有人最終都意識到自己的錯誤。真正的勇氣不是去做別人告訴你的好主意，而是去做對你來說正確的事。正如麥康納告訴我們的那樣，你可以從遵循「己所不欲，勿施於人」這條規則中獲益良多。但你不應該因此而忽視一個潛在的事實：「不是每個人都想做你想做的事。」

勇氣——真正的勇氣——是找到一條適合自己的道路。正如這本書所表明的，要成為高效能的執行者，沒有單一的方法。你可以成為好萊塢一線明星、體育英雄或商業領袖。或者你也可以當老師、私人助理，或者像我們一樣，當兩個來自諾里奇和曼徹斯特的爸爸。高效能取決於我們的每個環境、興趣和抱負。

這就是為什麼高效能如此的自由。當然，許多高效能者都有一些共同的特點。這本書試圖揭開它們的面紗。但是，從本質上講，高效能代表過一種真實的生活。這是關於找出什麼對你來說是重要的，並在所有其他事情之上追求它。

高效能從來不是欺騙自己。這是關於成為你自己，是關於享受過程。正如麥康納告訴我們的，「生活是一個動詞。去享受它吧。」

致謝

傑克

我想感謝一些關鍵的人，幫助創建高效能節目。首先是我的爸爸媽媽，他們給了我所能給孩子最重要的兩樣東西：根和翅膀。我每一天都依賴你們。

還要感謝費恩・科頓（Fearne Cotton），「快樂之地」（*Happy Place*）Podcast 的創始人。你是我想出「高效能」這個主意時，第一個打電話給我的人。那時候我覺得 Podcast 市場已經飽和了，我們很難產生影響力，是你的熱情讓我有了不同的想法。

當然，「高效能」——無論是 Podcast 還是這本書——都要感謝達米安・休斯教授。你為每一集都帶來了溫暖、同理心、知識和精彩的問題。

最後，我要感謝我的孩子們，菲羅和薩伯，還有我了不起的太太哈蘿特。每天，只要在你們身邊，就能給我能量、方向、激情和動力，讓我不斷推動自己前進。你們是我生命中最重要的三件事。

達米安

我一生的大部分時間都沉浸在高效能的文化中。我想向那些在我理解他們的過程中幫助我的人，表達我的感激。

感謝喬拉汀豐富的愛、深邃的智慧、溫柔的幽默、熱情的支持、無限的耐心和慷慨的友誼。我對你的愛無法用語言表達。

喬治和羅斯，這本書——以及我所做的一切——都是為了你們。感謝你們用愛、笑聲、好奇、善良、理解和全面的才華祝福我。我希望這本書能告訴你們，無論你們選擇做什麼，都可以把體面、謙遜和勤奮結合起來，並且依然蓬勃發展。保持明亮的光芒。我愛你們兩個。

感謝支持我的父母布萊恩和羅斯瑪麗，我親愛的兄弟安東尼和克里斯，還有我的妹妹瑞秋。你們的榜樣、鼓勵、興趣和永恆的友誼是無盡安慰的泉源。

我非常感謝蘇珊・切爾斯基（Susan Czerski），感謝她不斷地提供才華來幫助我。感謝你，泰迪的熱情和永遠忠誠，在所有天候下的陪伴。還要感謝大衛・盧克斯頓（David Luxton），我才華橫溢的文學經紀人。

感謝所有的球員、教練和領導，我有幸與他們一起工作，一起學習。經驗是偉大的老師，你們都如此慷慨地給予。

我非常感謝傑克。感謝你分享動力、熱情和雄心壯志的高效能資訊。也感謝你的友誼、支持和鼓勵。

傑克與達米安

我們都要感謝「高效能」團隊：漢娜・史密斯（Hannah Smith）、菲・萊恩（Finn Ryan）和威爾・歐克納（Will O'connor），感謝你們分享技巧，不知疲倦的精神和永不間斷的幽默。我們也感謝 YMU 更廣泛的團隊——特別是亞歷克斯・麥可蓋爾（Alex McGuire）、荷利・巴特（Holly Bott）和阿曼達・哈里斯（Amanda Harris）。

感謝我們所有的節目嘉賓，感謝你們對我們的信任，感謝你們分享你們不可思議的智慧、見解和教訓。

也感謝我們傑出的編輯羅文・博徹斯（Rowan Borchers）。你的指導非常寶貴。感謝你的承諾、信任和支持。感謝 Penguin Random House 的團隊，感謝你們對最初想法和後續出書的熱情支持。

感謝作者和學者的工作，他們的工作點燃了我們對高效能的興趣，幫助我們巧妙地處理我們的論點。在我們的研究過程中，以下幾本書對我們產生了特別的影響，並為任何希望更多了解高效能者的人，提供了一個很好的起點。

維克多・弗蘭克（Viktor Frankl）的《活出意義來》（*Man's Search for Meaning*）一書，在開篇關於責任的章節中，提出了一些有力的見解。查理斯・杜希格的作品，特別是《為什麼這樣工作會快、準、好》（*Smarter Faster Better*），也啟發了我們對這個問題的思考，同時也為習慣和文化的章節提供了有用的材料。強納森・海德（Jonathan Haidt）才華橫溢的作品，尤其是《象與騎象人》（*The Happiness Hypothesis*）和《對美國人思想的縱容》（*The Coddling of the American Mind*，暫譯，與葛列格・盧奇亞諾夫合著）也是他的靈感來源。布萊德・史托伯格（Brad Stulberg）和史提夫・麥格尼斯（Steve Magness）的《一流的人如何駕馭自我》（*Passion Paradox*）是我們研究動機過程中非常重要的一本書。丹尼爾・品克（Daniel H. Pink）的《動機，單純的力量》（*Drive*）也提供了一些有力的案例研究。賽瑞・伊藩斯（Ceri Evans）的工作，特別是他的書《壓力下的表現》（*Perform Under Pressure*，暫譯），為人類的大腦和情感提供了一個啟發性的指南。我們關於情緒的寫作，也借鑒了西蒙・馬歇爾（Simon Marshall）和萊斯利・派特森（Lesley Paterson）的《勇敢的運動員》（*The Brave Athlete*，暫譯），以及史蒂夫・彼得斯（Steve Peters）一直很有用的《黑猩猩悖論》（*The Chimp Paradox*）。

霍華德・加德納（Howard Gardner）在多元智慧方面的研究，為我們撰寫尋找自己長處的文章，提供了有用的資源。丹尼爾・科伊爾（Daniel Coyle）的《天才密碼》（*The Talent Code*，暫譯）在塑造我們對高表現起源的想法方面，也很重要。卡蘿・杜維克（Carol Dweck）對成長心態的研究，尤其是她的《心態致勝》（*Mindset*）一書，在解決問題的章節中非常有價值。奇普和丹・希斯的《學會改變》（*Switch*）對一致性這一章非常有用。

吉姆・柯林斯關於領導力的著作始終是明智的：從優秀到卓越尤其有用。威利・雷洛關於「文化建築師」的寫作，是另一個重要來源。埃德加・沙因（Edgar Schein）的整個目錄，特別是《謙遜領導力》（*Humble Leadership*，與他的兒子彼德・沙因合著）和《組織文化與領導力》（*Organizational Culture and Leadership*，暫譯），對最後兩章的形成至關重要。詹姆斯・巴倫（James Baron）和邁克爾・漢南（Michael Hannan）的工作也是無價的。

最後，感謝你，讀者。我們意識到，在一個不斷分心的時代，閱讀這本書需要投入大量的時間和信任。我們不會輕視這項投資。希望這本書的閱讀和寫作一樣值得。

附註

本書中的大部分引用來自我們的高效能 Podcast 採訪、文字記錄和錄音，可在 www.thehighperformancepodcast.com 上找到。這些附註僅包括來自其他地方的引述和案例研究。

｜前言｜沒有什麼是注定好的

1 Jim White. 'In this humble environment a group of future champion fighters is being nurtured'. *Telegraph*, 2 October 2004.

｜第 1 課｜承擔責任

1 *Crawley and Horley Observer*. 'Horrific accident didn't stop Billy Monger from returning to the driver's seat', *Crawley and Horley Observer*, 25 January 2018. Available at: https://www.crawleyobserver.co.uk/sport/motorsport-horrific-accidentdidnt-stop-billy-monger-returning-drivers-seat-2060613.

2 Albert Bandura. *Self-efficacy: The Exercise of Control.* New York, Freeman, 1997

3 For an overview of this theory, see: Albert Bandura. 'Selfefficacy: toward a unifying theory of behavioural change.' *Psychological Review* 1977; 84(2): 191–215. This research is discussed in Charles Duhigg, *Smarter Faster Better.* London: Random House Business, 2016.

4 Alexandra Stocks, Kurt A April, Nandani Lynton. 'Locus of control and subjective well-being: a cross-cultural study'. *Problems and Perspectives in Management* 2012; 10(1): 17–25. Cited in Duhigg, Smarter Faster Better.

5 Martin Seligman. 'Learned helplessness'. *Annual Review of Medicine* 1972; 23(1): 407–12. D Hiroto, Martin Seligman. 'Generality of learned helplessness in man'. *Journal of Personality and Social Psychology* 1977; 31(2): 311–27.

6 Clive White. 'Brain is not used by Van Persie'. Telegraph, 26 February 2005. Cited in: Andy Williams. *RVP: The Biography of Robin Van Persie.* London: John Blake, 2013.

7 Rosamund Stone Zander and Benjamin Zander. *The Art of Possibility: Transforming Professional and Personal Life.* London: Penguin, 2002.

8 Sarah Butler. '"The support never stops" – former prisoner working for Timpson'. Guardian, 6 April 2019. Available at: https://www.theguardian.com/business/2019/apr/06/the-supportnever-stops-says-prisoner-who-works-at-timpsons.

9 B L Walter, A G Shaikh in *Encyclopaedia of the Neurological Sciences* (2nd edn), 2014. J R Augustine. 'Chapter 9: The Reticular Formation'. In *Human Neuroanatomy* (2nd edn). Bognor Regis: John Wiley & Sons, 2006: 141–53.

10 R Hirt. 'Martin Seligman's journey from learned helplessness to learned happiness'. *Pennsylvania Gazette*, January/February 1999. Cited in: Martin Seligman. 'Building human strength: psychology's forgotten mission. *American Psychological Association Newsletter* 1998; 29(1). See also Seligman, *Learned Helplessness.*

11 Matt Rudd. 'The interview: Ant Middleton on Brexit, *SAS: Who Dares Wins and manning up*'. *The Times,* 14 April 2019. Available at: https://www.thetimes.co.uk/article/the-interviewant-middleton-on-brexit-sas-who-dares-wins-and-manningup-3c8knb0s0.

第2課｜找出動力

1 Steven Gerrard. *My Story*. London: Penguin, 2016.

2 同上

3 同上

4 This story is recounted in: Dominic Fifield. 'This is a story of temptation – when Steven Gerrard almost joined Chelsea'. *The Athletic*, 11 May 2020. Available at: https://theathletic.com/1794799/2020/05/11/steven-gerrard-chelsea-liverpooltransfer-2005/; Steven Gerrard. *My Story*.

5 Steven Gerrard. *My Story*.

6 Jamie Carragher. '10: Steven Gerard'. *The Greatest Game* [podcast], 9 January 2020. Cited in: Dominic Fifield. 'This is a story of temptation'.

7 Rachel Hosie. 'How Zack George went from "massively overweight" child to the UK's fittest man, and how he trains to stay there'. *Insider*, 20 June 2020. Available at: https://www.insider.com/zack-george-became-uk-fittest-man-overweightchild-training-crossfit-2020–6.

8 同上

9 這項實驗出現在許多勵志書中，最著名的是 Daniel H Pink, *Drive: The Surprising Truth About What Motivates Us*. London: Canongate, 2011. 原始研究見 Richard Ryan, Edward Deci. 'Self-determination theory and the facilitation of intrinsic motivation, social development, and well-being'. *American Psychologist* 2000; 55(1): 68–78

10 同上

11 Richard Ryan, Edward Deci. 'Self-determination theory'; Marylene Gagne, Edward Deci. 'Self-determination and work motivation'. *Journal of Organisational Behaviour* 2005; 26(4): 331–62; Patricia Chen, Phoebe C Ellsworth, Norbert Schwarz. 'Finding a fit or developing it: implicit theories about achieving passion for work'. *Personality and Social Psychology Bulletin* 2015; 41(10): 1411–24; Elle Luna. The Crossroads of Should and Must. New York: Workman, 2015; Dong Lui, Xiao-Ping Chen, Xin Yao. 'From autonomy to creativity: a multilevel investigation of the mediating role of harmonious passion'. *Journal of Applied Psychology* 2011; 96(2): 294–309.

12 Graham Jones and Adrian Moorhouse, *Developing Mental Toughness: Gold Medal Strategies for Transforming Your Business Performance*. London: Spring Hill Books, 2008.

13 Daniel Pink, *Drive*.

14 Sara James, 'Finding Your Passion: Work and the Authentic Self'. *M/C Journal,* 2015; 18(1). Cited in: Brad Stulberg, Steve Magness. *The Passion Paradox*. Emmaus, PA: Rodale, 2019.

15 Viktor E Frankl. *Man's Search for Meaning*. London: Simon & Schuster, 1997.

16 Lauren A Leotti, Sheena S Iyengar, Kevin N Ochsner. 'Born to choose: the origins and value of the need for control'. *Trends in Cognitive Sciences* 2010; 14(10): 457–63. Cited in Charles Duhigg, *Smarter Faster Better.*

17 Mauricio R Delgado in Charles Duhigg, *Smarter Faster Better*.

18 VisionSport TV. 'Fan tells Redknapp: Scott Canham better than Lampard'. YouTube, 22 September 2014. Available at: https://www.youtube.com/watch?v=eAjd_jTvURc&t=0s. This story is also described in detail in: Oliver Kay. 'The Premier League 60: no 6, Frank Lampard'. *The Athletic*, 4 September 2020. Available at: https://theathletic.co.uk/2018585/2020/09/04/premier-league-60-frank-lampard/.

19 Frank Lampard. *Totally Frank: My Autobiography*. London: HarperCollins, 2006.

20 'Dylan Hartley retires from professional rugby'. Northampton Saints, 7 November 2019. Available at: https://www.northamptonsaints.co.uk/news/dylan-hartley-retires-fromprofessional-rugby.

21 Eddie Jones. *My Life and Rugby*. London: Macmillan, 2019.

22 同上

第3課｜情緒管理

1 Richard Moore. Heroes, *Villains and Velodromes: Chris Hoy and Britain's Track Cycling Revolution*. London: HarperSport, 2012.

2 Nick Townsend. 'Cycling: Hoy is ready to dig deep again and raid Olympic gold mine'. *Independent*, 23 October 2011.

Available at: https://www.independent.co.uk/sport/general/others/cyclinghoy-is-ready-to-dig-deep-again-and-raid-olympic-gold-mine-856512.html.

3 Simon Hattenstone. 'Kelly Holmes on mental health and happiness'. *Guardian*, 13 March 2019. Available at: https://www.theguardian.com/sport/2019/mar/13/kelly-holmes-mental-health-happiness-self-harming-podcast-interview.

4 Kelly Holmes. *Black, White & Gold: My Autobiography*. London: Virgin Books, 2008.

5 同上

6 Ant Middleton. *First Man In: Leading from the Front*. London: HarperCollins, 2018.

7 Kelly Holmes. *Black, White & Gold.*

8 Ant Middleton. *First Man In.*

9 This description of the brain draws on Simon Marshall and Lesley Paterson, *The Brave Athlete: Calm the F*ck Down and Rise to the Occasion*. Boulder, CA: Velo Press, 2017.

10 Daniel H. Pink, *A Whole New Mind: Why Right-Brainers Will Rule the Future.* New York: Riverhead Books, 2005.

11 James Watson. 'Foreword'. In: Sandra Ackerman. *Discovering the Brain.* Washington, DC: National Academies Press, 1992. Available at https://www.ncbi.nlm.nih.gov/books/NBK234155/. Quoted in Daniel H. Pink, *A Whole New Mind.*

12 Paul D MacLean. *The Triune Brain in Evolution: Role in Paleocerebral Functions.* Cham: Springer, 1990.

13 Adrew Curran. *The Little Book of Big Stuff about the Brain: The True Story of Your Amazing Brain.* Carmarthen: Crown House Publishing, 2008.

14 Jonathan Haidt. *The Happiness Hypothesis: Putting Ancient Wisdom to the Test of Modern Science.* London: Arrow, 2007.

15 'Optimising the performance of the human mind: Steve Peters at TEDxYouth@Manchester 2012'. YouTube, 30 November 2012. Available at: https://www.youtube.com/watch?v=R-KI1D5NPJs &ab_channel=TEDxYouth.

16 同上

17 For more information on this model, see: Yehuda Shinar. *Think Like a Winner.* London: Vermilion, 2008.

18 For more information on this model, see Daniel Kahneman, *Thinking, Fast and Slow.* London: Penguin, 2012.

19 For more information on this model, see Steve Peters, *The Chimp Paradox: The Acclaimed Mind Management Programme to Help You Achieve Success,* Confidence and Happiness. London: Vermilion, 2012.

20 This model is outlined in: Ceri Evans. *Perform Under Pressure: Change the Way You Feel, Think and Act Under Pressure.* London: Thorsons, 2019.

21 Richard Lazarus. *Emotion and Adaptation* (paperback). Oxford: Oxford University Press, 1994. Also referenced in: Richard S Lazarus. 'Progress on a cognitive-motivational-relational theory of emotion'. *American Psychologist* 1991; 46(8): 819–34; Craig A Smith, Richard S Lazarus. 'Chapter 23: Emotion and adaptation'. In: Lawrence A Pervin (ed). *Handbook of Personality: Theory and Research.* New York, NY: Guilford, 1990: 609–37; S Folkman, R S Lazarus, R J Gruen, A DeLongis. 'Appraisal, health status and psychological symptoms'. *Journal of Personality and Social Psychology* 1986; 50(3): 571–79.

22 Richard Moore. *Heroes, Villains and Velodromes.*

23 同上

24 同上

25 「信心銀行帳戶」的比喻借用 Steven Covey 所創的想法「情感銀行帳戶」（the motional bank account）見 *The Seven Habits of Highly Successful People.* Simon & Schuster: New York, 1989.

第4課｜發揮長處

1 Tom Rath, Donald O Clifton. *How Full Is Your Bucket?* Washington, DC: Gallup Press, 2004. Also cited in: Donald O Clifton and Edward C Anderson. *StrengthsQuest: Discover and Develop Your Strengths in Academics, Career and Beyond.* Washington, DC: Gallup Press, 2002.

2 Roy F Baumeister, Ellen Bratslavsky, Catrin Finkenauer, Kathleen D Vohs. 'Bad is stronger than good'. *Review of General Psychology* 2001; 5(4) 323–70.

3 Howard Gardner. *Frames of Mind: The Theory of Multiple Intelligences.* New York, NY: Basic Books, 2011.

4 *Belfast Telegraph.* 'Scents and sensibility: we chat to perfume maker Jo Malone'. *Belfast Telegraph,* 20 February 2016. Available at: https://www.belfasttelegraph.co.uk/life/ features/scents-and-sensibility-we-chat-to-perfume-maker-jo-malone-34457693. html.

5 Rebecca Gonsalves. 'Jo Malone interview: how one of the greatest names in perfumery discovered life after cancer'. *Independent,* 12 February 2015. Available at: https://www.independent.co.uk/ life-style/fashion/features/jo-malone-interview-how-one-greatest-names-perfumery-discovered-life-after-cancer-a6866426. html.

6 Zoe Forsey, 'I was kicked out of school at 17 – but at 26 my company employs 700 people. *Mirror,* 22 August 2019. Available at: https://www.mirror.co.uk/tv/tv-news/kicked-outschool-17–26-18963997.

7 同上

8 Charles Handy, *The Second Curve.* London: Random House Business Books, 2015.

9 Kelly Holmes, *Black, White & Gold.*

10 Robert B Cialdini. *Influence: The Psychology of Persuasion.* London: HarperBusiness, 2007. Also cited in: Noah J Goldstein, Steve J Martin, Robert B Cialdini. *Yes! 50 Secrets from the Science of Persuasion.* London: Profile Books, 2007.

11 許多大眾心理學書籍都引用了克魯格和鄧寧的研究。最近的一個例子，請參閱 Aaron Claarey, *The Curse of the High IQ.* Create Space, 2016. 相關原始研究請參閱 Justin Kruger, David Dunning. 'Unskilled and unaware of it: how difficulties in recognizing one's own incompetence lead to inflated self-assessments'. *Journal of Personality and Social Psychology* 1999; 77(6): 1121–34.

12 Brian Resnick. 'Intellectual humility: the importance of knowing you might be wrong,' *Vox,* 4 January 2019. Available at: https://www.vox.com/science-and-health/2019/1/4/17989224/ intellectual-humility-explained-psychology-replication. Also cited in: Adam Grant. Think Again. London: Random House, 2021.

13 Kelly Holmes. *Black, White & Gold.*

14 Mihaly Csikszentmihalyi. *Flow: The Psychology of Happiness.* London: Ebury, 2013. 也可見契克森米哈伊在 TED 的演講 'Flow: The secret to happiness'. TED, February 2004. This account of flow also draws on Daniel H. Pink, Drive.

15 Kelly Holmes. *Black, White & Gold.*

第5課｜變得靈活

1 Amos Tversky, Daniel Kahneman. 'Judgment under uncertainty: heuristics and biases'. *Science* 1974; 185(4157): 1124–31.

2 Donald McRae. 'Ben Ainslie: "The ultimate goal is to bring the America's Cup back to Britain"'. *Guardian,* 22 May 2017. Available at: https://www.theguardian.com/sport/2017/ may/22/ben-ainslie-americas-cup-britain-bermuda.

3 Rory Carroll. 'America's Cup: Sir Ben Ainslie's Oracle Team USA clinches stunning comeback'. *Guardian,* 26 September 2013. Available at: https://www.theguardian.com/sport/2013/ sep/25/americas-cup-victory-team-usa-comeback.

4 同上

5 BBC Sport. 'How did Sir Ben Ainslie help inspire America's Cup win?' *BBC Sport,* 26 September 2013. Available at: https:// www.bbc.co.uk/sport/sailing/24285864.

6 Chris Maxwell. 'Sir Ben Ainslie on business and his bid to win Britain's first America's cup'. *Director,* 15 July 2016. Available at: https://www.director.co.uk/sir-ben-ainslie-land-rover-bar-18821–2/.

7 *Country & Town House.* 'Interview: Ben Ainslie, the Trophy Hunter'. *Country & Town House,* July 2016. Available at: https://

www.countryandtownhouse.co.uk/culture/sir-ben-ainslie-americas-cup/.

8 Carol Dweck. *Mindset: How You Can Fulfil Your Potential.* London: Robinson, 2012. This account of Dweck's research also draws on Matthew Syed, *Bounce: The Myth of Talent and the Power of Practice.* London: Fourth Estate, 2011; and Chip and Dan Heath, *Switch: How to Change When Change Is Hard.* London: Random House Business Books, 2011.

9 Carol Dweck. *Mindset.*

10 Carol Dweck, 'The power of believing you can improve'. TEDxNorrkoping, 1 November 2014. Available at: https:// www.ted.com/talks/carol_dweck_the_power_of_believing_ that_you_can_improve.

11 這個蠟燭問題在許多大眾心理學著作中都有描述，包括丹尼爾・平克（Daniel Pink）的 TED 演講：'The puzzle of motivation'. TEDGlobal, 2009. Available at: https://www.ted.com/talks/dan_pink_the_puzzle_of_motivation?language=en. 原始研究見 Karl Dunker. 'On problem-solving'. *Psychological Monographs* 1945; 58(5): 1–113.

12 像這類謎題在培訓班中被廣泛使用，並經常被大眾心理學書籍引用。對於這些案例，來自 Shane Snow, *Dream Teams: Working Together Witout Falling Apart.* Portfolio: New York, 2018.

13 Simon Kuper, Stefan Szymanski. *Soccernomics: Why England Loses, Why Spain, Germany, and Brazil Win, and Why the US, Japan, Australia Lose.* London: Nation Books, 2014.

14 Eleanor Lawrie, 'Not on the High Street's Holly Tucker: "Grey-haired investors laughed at us when we asked for funding – to them we were just two women who sold crafts"'. *This Is Money,* 14 March 2015. Available at: https://www.thisismoney. co.uk/money/smallbusiness/article-3485732/Not-High-Streets-Holly-Tucker-investors-just-women-sold-crafts.html.

15 Alison Reynolds, David Lewis. 'Teams solve problems faster when they're more cognitively diverse'. *Harvard Business Review,* 30 March 2017. Available at: https://hbr.org/2017/03/teams-solve-problems-faster-when-theyre-more-cognitively-diverse.

16 Eleanor Lawrie, 'Not on the High Street's Holly Tucker: "Grey-haired investors laughed at us when we asked for funding – to them we were just two women who sold crafts"'.

第6課｜不可妥協的原則

1 Paul Doyle, 'All hail Sir Clive Woodward'. *Guardian,* 1 November 2005. Available at: https://www.theguardian.com/football/2005/nov/01/sport.comment.

2 Clive Woodward. *How to Win.* London: Hodder & Stoughton, 2019. 這個故事的更長版本請見 Clive Woodward, *Winning! The Path to Rugby World Cup Glory.* Hodder: London, 2005.

3 同上

4 Roy Keane. *Keane: The Autobiography.* London: Penguin, 2011.

5 Michael Beer, Russell A Eisenstat, Bert Spector. *The Critical Path to Corporate Renewal.* Boston, MA: Harvard Business School Press, 1990. Cited in Chip and Dan Heath, *Switch.*

6 Clive Woodward. *How to Win.*

7 Dave Woods. 'Shaun Wane: How Wigan teenage tearaway turned his life around to become rugby league royalty'. *BBC Sport,* 14 May 2019. Available at: https://www.bbc.co.uk/ sport/rugby-league/48258034.

8 Charles Duhigg, *The Power of Habit: Why We Do What We Do, and How to Change.* London: Penguin, 2013.

9 This account of Peter Gollwitzer, research draws on Chip and Dan Heath, *Swich.* 原始研究請見 Peter M Gollwitzer, Sarah Milne, Paschal Sheeran, Thomas L Webb. 'Implementation intentions and health behaviours'. In: Mark Conner, Paul Norman (eds.), *Predicting Health Behaviour: Research and Practice with Social Cognition Models* (2nd edn). Buckingham: Open University Press, 2005.

10 James Clear. *Atomic Habits.* London: Random House Business Books, 2018.

11 John Wooden, Steve Jamison. *The Wisdom of Wooden: My Century On and Off the Court.* New York, NY: McGraw-Hill Contemporary, 2010. Cited in: Robert Maurer. *One Small Step Can Change Your Life: The Kaizen Way.* New York, NY: Workman, 2004.

12 James Clear. *Atomic Habits.*

13 James March. *A Primer on Decision Making: How Decisions Happen.* London: Simon & Schuster, 1994.

14 Chip and Dan Heath, *Switch.*

15 James Clear. 'Avoid the second mistake'. JamesClear.com. Available at: https://jamesclear.com/second-mistake. See also: James Clear. *Atomic Habits.*

第7課｜領導團隊

1 George Flood, 'South Africa captain Siya Kolisi after Rugby World Cup win: "We can achieve anything if we work together as one"'. *Evening Standard,* 2 November 2019. Available at: https:// www.standard.co.uk/sport/rugby/south-africa-captain-siya-kolisi-after-rugby-world-cup-win-we-can-achieve-anything-ifwe-work-together-as-one-a4276971.html.

2 'Siya Kolisi: "We represent something much bigger"'. *Guardian,* 6 June 2018. Available at: https://www.theguardian.com/ sport/ 2018/jun/06/siya-kolisi-interview-south-africa-first-black-test-captain-england.

3 David Walsh. 'The Interview: Siya Kolisi, South Africa's World Cup winning rugby captain, on escaping poverty and hunger'. *Sunday Times,* 19 January 2020. Available at: https://www. thetimes.co.uk/article/the-interview-siya-kolisi-south-africas-world-cup-winning-rugby-captain-on-escaping-poverty-and-hunger-j7trtnb08.

4 Floyd Henry Allport. 'The influence of the group upon asso-ciation and thought'. *Journal of Experimental Psychology* 1920; 3(3): 159–82. Also cited in: G P Brooks, R W Johnson. 'Floyd Allport and the master problem of social psychology'. *Psychological Report* 1978; 42(1): 295–308.

5 Satyan Mukherjee et, al., 'Prior shared success predicts victory in team competitions'. *Nature Human Behaviour,* 2019; 3(74–81).

6 Reid Hoffman. *The Start-Up of You: Adapt to the Future, Invest in Yourself, and Transform Your Career.* New York, NY: Currency, 2012.

7 James C Collins, Jerry I Porras. *Built to Last: Successful Habits of Visionary Companies.* New York, NY: HarperCollins, 1994.

8 Chip and Dan Heath, *Switch.*

9 Andy Jones. 'Sean Dyche exclusive: the managers who shaped me'. *The Athletic,* 11 May 2020. Available at: https:// theathletic.co.uk/1802950/2020/05/11/sean-dyche-burnley-watford-chesterfield/. 桑恩・戴治（Sean Dyche）對班來足球俱樂部（Burnley F.C.）的影響出自於此：Dave Thomas, Champions: *The Story of Burnley.* Instant Return to the Premier League. Pitch Publishing: Worthing, 2016.

10 同上

11 Andy Jones. 'Seven years of Dyche: dressing room dancing, "Gaffer's Day" and showing he cares (just don't play him at golf)'. *The Athletic,* 30 October 2019. Available at: https:// theathletic.co.uk/1333098/2019/10/30/seven-years-of-dyche-dressing-room-dancing-gaffers-day-and-showing-he-cares-just-dont-play-him-at-golf/.

12 同上

13 Chip and Dan Heath, *Switch.*

14 Jim Collins. *Good to Great.* London: Random House Business Books, 2001. 另外可見 Jim Collins, 'Best New Year's Resolution? A 'stop doing' list'. 30 December 2003. Available at: https://www.jimcollins.com/article_topics/articles/best-new-years.html.

15 Peter Bregman. *18 Minutes: Find Your Focus, Master Distraction and Get the Right Things Done.* London: Orion, 2012.

16 Ben Machell. 'How Ben Francis built the billion-pound fitness brand Gymshark'. *The Times,* 5 December 2020. Available at: https://www.thetimes.co.uk/article/how-ben-francis-built-the-billion-pound-fitness-brand-gymshark-crls00h2n.

17 Ben Francis. 'Why I stepped down as Gymshark CEO'. *Ben Francis,* 11 May 2020. Available at: https://www.benfrancis. com/

article/why-i-stepped-down-as-gymshark-ceo/.

18 Jon Robinson. 'Gymshark founder reveals reasons behind stepping down as CEO'. *Insider,* 14 May 2020. Available at: https://www.insidermedia.com/news/midlands/gymshark-founder-reveals-reasons-behind-stepping-down-as-ceo.

19 Ben Francis. 'Why I stepped down as Gymshark CEO'.

20 Solomon E Asch. 'Opinions and social pressure'. *Scientific American* 1955; 193(5): 31–35. Also cited in: Harold Guetzkow. *Groups, Leadership and Men.* Lancaster: Carnegie Press, 1951; Vernon Allen, John Levine. 'Social support and conformity: the role of independent assessment of reality'. *Journal of Experimental Social Psychology* 1971; 7(1): 48–58.

21 Solomon E Asch. 'Opinions and social pressure'.

22 關於雷洛（Railo）的引述，可見 Sven-Göran Eriksson, Willi Railo. *Sven-Göran Eriksson On Management* (new edn). London: Carlton Books, 2002. Also cited in: Line D Danielsen, Rune Giske, Derek M Peters, Rune Høigaard. 'Athletes as "cultural architects": a qualitative analysis of elite coaches' perceptions of highly influential soccer players'. *The Sport Psychologist* 2019; 33(4): 313–22. 關於索爾斯克亞（Solskjær）的引述，可見 'Solskjaer considering Manchester United captain contenders'. *Manchester Evening News,* 13 April 2019. Available at: https://www.manchestereveningnews.co.uk/sport/football/football-news/manchester-united-news-now-today-16119832.

第8課｜打造文化

1 Guillem Balagué. *Brave New World: Inside Pochettino's Spurs.* London: Orion, 2019.

2 同上

3 David Hytner. 'Energía universal: how Pochettino has driven the Tottenham revolution'. *Guardian,* 29 April 2017. Available at: https://www.theguardian.com/football/blog/2017/apr/29/ energia-universal-mauricio-pochetinno-tottenham-revolution.

4 Rhiannon Beaubien, Shane Parrish. *The Great Mental Models Volume 1: General Thinking Concepts.* Ottawa: ON: Latticework, 2020.

5 This account of Baron and Hannan's research draws on: Charles Duhigg. *Smarter Faster Better: The Secrets of Being Productive in Life and Business.* London: Random House: 2016.

6 James N Baron, Michael T Hannan. 'The economic sociology of organisational entrepreneurship: lessons from the Stanford Project on emerging companies'. In: Victor Nee, Richard Swedberg (eds). *The Economic Sociology of Capitalism.* New York, NY: Russell Sage, 2002: 168–203. Quoted in: Charles Duhigg. Smarter Faster Better.

7 Sid Lowe. *Fear and Loathing in La Liga: Barcelona Vs Real Madrid.* London: Vintage, 2014.

8 Charles Duhigg, *Smarter Faster Better.*

9 James N Baron, Michael T Hannan. 'Organisational Blueprints for Success'; James N Baron, M Diane Burton, Michael T Hannan. 'The road taken: origins and evolution of employment systems in emerging companies'. *Industrial and Corporate Change* 1996; 5(2): 239–. Both quoted in: Charles Duhigg, *Smarter Faster Better.*

10 Paul J Zak. *Trust Factor: The Science of Creating High Performance Companies.* New York, NY: AMACOM, 2017.

11 感謝 Bill Beswick 提供這則軼事。Beswick 在 'Great minds think alike' 中講述了一個類似的故事。*BBC News,* 13 August 2001. Available at: http://news.bbc.co.uk/sport1/hi/football/eng_prem/1484852.stm.

12 Jim Collins. *Good to Great.*

13 Adam M Grant, Elizabeth M Campbell, Grace Chen, Keenan Cotttone, David Lapedis, Karen Lee. 'Impact and the art of motivation maintenance: the effects of contact with beneficiaries on persistence behaviour'. *Organizational Behavior and Human Decision Processes* 2007; 103(1): 53–67. Cited in: Adam Grant. *Give and Take: Why Helping Others Drives Our Success.* London: W&N, 2014.

14 The Netball Show. '52: Netball Show: Tracey Neville Retirement'. *The Netball Show* [podcast].

15 Matt Dickinson. 'Tracey Neville interview: "I've the calmer, maybe softer side but like Gary I have that impatience". *The Times,* 19 April 2018. Available at: https://www.thetimes. co.uk/article/tracey-neville-interview-ive-the-calmer-maybe-softer-side-but-like-gary-i-have-that-impatience-vjwh3j287

16 Oliver Brown. 'Tracey Neville interview: "Usually people ask me about my brothers Gary and Philip – to have the roles reversed makes me break down"'. *Telegraph,* 22 May 2018. Available at: https://www.telegraph.co.uk/netball/2018/05/22/tracey-nevilleinterview-usually-people-ask-brothers-gary-phillip/

17 同上

18 Taiichi Ohno. *Toyota Production System: Beyond Large-Scale Production.* New York, NY: Productivity Press, 1988.

19 Fred Rees, Duncan Humphreys (dirs). *Living With The Lions.* Ocelot Films, 1999.

20 This exploration of emotional intelligence draws on: Anita Williams Woolley, Christopher F Chabris, Alex Pentland, Nada Hashmi, Thomas W Malone, Anita Williams Wooley. 'Evidence for a collective intelligence factor in the performance of human groups'. *Science* 2010; 330(6004): 686–88. Cited in: Charles Duhigg. *Smarter Faster Better.*

21 S Baron-Cohen, T Jolliffe, C Mortimore, M Robertson. 'Another advanced test of theory of mind: evidence from very high functioning adults with autism or Asperger syndrome'. *Journal of Child Psychology and Psychiatry* 1997; 38(7): 813–22; S Baron-Cohen, S Wheelwright, J Hill, Y Raste, I Plumb. 'The "Reading the Minds in the Eyes" Test Revised Version: a study

with normal adults, and adults with Asperger syndrome or high-functioning autism'. *Journal of Child Psychology and Psychiatry* 2001; 42(2): 241–51. Both quoted in: Charles Duhigg. Smarter Faster Better.

22 Travis Bradberry, Jean Greaves. *Emotional Intelligence* 2.0. San Diego, CA: TalentSmart, 2009.

23 Raj Bains. 'Kevin Sinfield: the low-key legend'. *Vice,* 17 December 2025. Available at: https://www.vice.com/en/article/4xjggn/kevin-sinfield-the-low-key-legend.

24 Gareth Ellis，與作者的對話。

25 Jason Booth，與作者的對話。

26 This exploration of psychological safety draws on: Amy C Edmondson. *The Fearless Organization: Creating Psychological Safety in the Workplace for Learning, Innovation, and Growth.* Hoboken, NJ: John Wiley & Sons, 2018. Quoted in: Charles Duhigg. *Smarter Faster Better.* Also referenced in Amy C Edmondson. A Fuller Explanation: The Synergetic Geometry of R Buckminster Fuller. New York, NY: Van Nostrand Reinhold, 1992; Bertrand Moingeon, Amy Edmondson. *Organizational Learning and Competitive Advantage.* London: SAGE Publications, 1996.

27 Charles Duhigg. *Smarter Faster Better.*

28 Charles Duhigg. 'What Google learned from its quest to build the perfect team'. *New York Times,* 25 February 2016. Available at: https://www.nytimes.com/2016/02/28/magazine/what-google-learned-from-its-quest-to-build-the-perfect-team.html.

29 Amy Edmondson. 'Extreme teaming in an uncertain world'. *Life Science Leader,* 6 April 2018. Available at: https://www.lifescienceleader.com/doc/extreme-teaming-in-an-uncertain-world-0001. Quoted in: Charles Duhigg. *Smarter Faster Better.*

30 Amy C Edmondson. *The Fearless Organization*; Amy C Edmondson, Jean-François Harvey. *Extreme Teaming: Lessons in Complex, Cross-Sector Leadership.* Bingley: Emerald Group Publishing, 2017. Quoted in: Charles Duhigg. *Smarter Faster Better.*

31 Adam Bryant. 'Google's quest to build a better boss'. *New York Times,* 12 March 2011. Available at https://www.nytimes.com/2011/03/13/business/13hire.html.

32 Emily Croydon, Katie Falkingham. 'Tracey Neville and Ama Agbeze: England pair talk captain-coach dynamics'. *BBC Sport,* 11 October 2018. Available at: https://www.bbc.co.uk/ sport/netball/45827561.

33 Amy Edmondson, *The Fearless Organization.* Wiley: London, 2018.

34 Michiel de Hoog. '6 secret traits that make Louis van Gaal the humble genius he is (and mainstream media fail to see)'. *De Correspondent,* 8 August 2014. Available at: https:// thecorrespondent.com/1418/6-secret-traits-that-make-louis-van-gaal-the-humble-genius-he-is-and-mainstream-media-fail-to-see/125220977970-aab230c0.

世界冠軍教我的 8 堂高效能課

作者	傑克・漢佛瑞 Jake Humphrey 達米安・休斯 Damian Hughes
譯者	吳宜蓁
商周集團執行長	郭奕伶
商業周刊出版部	
總監	林雲
責任編輯	黃郡怡
封面設計	Javick 工作室
內文排版	洪玉玲
出版發行	城邦文化事業股份有限公司 商業周刊
地址	104 台北市中山區民生東路二段 141 號 4 樓 電話：(02)2505-6789　傳真：(02)2503-6399
讀者服務專線	(02)2510-8888
商周集團網站服務信箱	mailbox@bwnet.com.tw
劃撥帳號	50003033
戶名	英屬蓋曼群島商家庭傳媒股份有限公司城邦分公司
網站	www.businessweekly.com.tw
香港發行所	城邦（香港）出版集團有限公司 香港灣仔駱克道 193 號東超商業中心 1 樓 電話：(852) 2508-6231　傳真：(852) 2578-9337 E-mail：hkcite@biznetvigator.com
製版印刷	中原造像股份有限公司
總經銷	聯合發行股份有限公司 電話：(02) 2917-8022
初版 1 刷	2023 年 1 月
定價	380 元
ISBN	978-626-7252-13-0（平裝）
EISBN	9786267252192（EPUB）／ 9786267252185（PDF）

國家圖書館出版品預行編目(CIP)資料

世界冠軍教我的8堂高效能課 / 傑克.漢佛瑞(Jake Humphrey), 達米安.休斯(Damian Hughes)著 ; 吳宜蓁譯. -- 初版. -- 臺北市 : 城邦文化事業股份有限公司 商業周刊, 2023.01
304面 ; 14.8X21分
譯自 : High performance : lessons from the best on becoming your best.
ISBN 978-626-7252-13-0(平裝)

1.CST: 職場成功法

494.35　　111021424

藍學堂

學習・奇趣・輕鬆讀